形態学

形づくりにみる動物進化のシナリオ

倉谷 滋 著

SCIENCE PALETTE

丸善出版

はじめに――「天使」をめぐる問題

ルネサンス期の芸術家、レオナルド・ダ・ヴィンチの作品に「受胎告知」という絵がある。誰でも一度ぐらいは見たことがあるだろう、天使ガブリエルがマリアに、「汝は神の子を身ごもった」と伝えにきたエピソードを示す有名な絵画だ。実はダ・ヴィンチ以前にも、これと同じモチーフは幾度となく描かれていた。しかしその中で、なぜダ・ヴィンチの「受胎告知」だけが有名になったのかといえば、彼の画才もさることながら、それを支えていたと覚しい、動物やヒトの体の構築に対する深い造詣があったからだとする考えがある。つまり、解剖学をよくわかっていたダ・ヴィンチだからこそ、彼によって描かれた天使の翼は正しい位置に関節している本物の翼のように見え、天使がそれを羽ばたかせたなら、まるでいまにも宙に舞い上がってゆけそうに見えるのであると。

確かにそうかもしれない。まっとうな機能は、まっとうな構造によって保証される。そしてそれは美的にも優れている。が、それはひょっとすると逆かもしれない、などと天邪鬼の私は考える。もし、ダ・ヴィンチが本当の意味で動物の体の成り立ちを知っていたのなら、むしろ彼はヒトの身体に翼を追加することを拒んだのではないかと。なぜなら、天使と同じような解剖学的構築を示す動物は現実には存在せず、翼が関節すべき相手の骨も存在せず、したがってそれを描くこと自体に非常に無理があるからだ。そして、ダ・ヴィンチがトリやヒトの体を本当に熟知していたならば、腕と翼がひとつの体に同居できないということも知っていたはずではないのか。よく知られるように、鳥類の翼はその祖先であった恐竜の前肢《ぜんし》が変化したものである。そして恐竜が、翼として機能するよりはるか前から羽毛を備えていたことが知られている。加えて羽毛は、本来後肢《こうし》にも生えていた。天使の翼に羽毛が生えているなら、その脚にもそれは生えていてよさそうなものである。

こういった事柄の中に、天使が進化する上でのいくつかの困難さ（いや、むしろ不可能性といったほうがよいだろう）が見え隠れする。ひとつは、前肢と後肢、つまり、魚類の胸鰭《びれ》と腹鰭に起源する2対の「脚」のうち、前のものを使って翼をつくろうというのであれば、もはやそれを腕や歩脚として用いることはあきらめねばならないということ。もうひとつは、哺乳類の体の中に別のグループの動物（つまりこの場合はトリ）のパーツをいきなりつくり出すなど不可能だということである。

キメラや鵺《ぬえ》など、説話やファンタジーの中に登場する架空の動物なればこそ実現可能なパーツの組み合わせは、現実の進化では不可能なのだ。同じ架空の話であっても、純粋に想像上の生き物であるドラゴンと、太古の恐竜が蘇ったという設定のゴジラでは、リアリズムのレベルが違う。ファンタジーとSFが違う所以である。ではいったい何が可能で、何が不可能なのか。

我々は、天使の姿に由来する、何か曰く言い難い「形態学的不自然さ」を感知している。どうやら、生物の進化は何でも可能というのではなく、そこには変わりやすさと変わりにくさ、どうしても越えられない一線のようなものがあるらしい。だからこそ、我々はさまざまな動物の中に、昆虫であるとか、哺乳類のように、特定のグループ（分類群）を認識できるのである。が、そのようなカテゴリーを可能にしている限界がどのように生まれ、我々がどのようにそれを感知しているのか、具体的にそのような限界をどのような言葉で表現すればよいのか、ただちにはわかりにくい。が、いずれにせよ、動物形態の進化の仕組みや動物の発生現象には、ある種の明確な法則性があるようにも思える。そして、その法則性が少しずつさまざまに変化しては、いま見る多様性が生まれてきたのだろう。では、いったい何がその法則性を生み出しているのだろうか。発生プロセスの中に特別な機構でもあるのだろうか。あるいは、そもそも我々が動物に見ている「形態」とは何だろうか。そこから、ひょっとしたら進化を突き動かしている仕組みや法則のようなものが見えてくるのではなかろうか。

本書では、動物の形が進化するとはどういうことなのかという、この古くからの問題に取り組んだ学者たちの歴史を振り返りながら、それがどのように形を変えて現在行われている最先端の研究につながってきたのか、そして、分子遺伝学や細胞生物学がもたらした現代生物学の発見が、動物進化の理解とどのように関わっているのかを述べてゆく。「頭と尾」、「背と腹」のような日常的記号でさえ、実は進化的に特定の機構でつくられた発生の産物である。本来、動物はどのような形を持って生まれてきたのか、それがどのように変化し、洗練されてきたのか、日常的に当たり前だと思っているこの肉体的感覚も、実は進化の賜物にすぎないのである。それが、思いもかけないような別の動物の形と深いつながりを持っていると知って、読者はきっと驚かれるだろう。さらにその背景には、ゲノムレベルで保存された、発生の共通性があり、そのことが我々自身や、昆虫や、ミミズや、ヒトデが同じ祖先から進化し、これほど形を変えてなお、捨てることのできない共通の発生機構によって形づくられるといえば、さらに興味は増すであろう。遠く隔たった動物はそれだけ、我々のものとはかけ離れた形態形成のプランを持っている。しかしそれでも、昆虫と我々は、「頭と尾」の別を基本的に同じ遺伝発生的プログラムでつくり上げている。その一方で、「背と腹」は逆転している。そういった共通性と相違の存在が、進化の過程で枝分かれし、発生のルールが枝ごとに変化してきた証拠なのである。つまり、進化の理解は我々自身がこのような形で成立している理由を知ることなのである。その理解のために本書が少しでもお役に立てれば、私にとっては望外の喜びである。

神戸、ポートアイランドにて

倉谷　滋

目次

第1章
形態学のはじまり

動物の世界に観る実にさまざまな形を前に、昔の学者たちはいったい何を考えてきたのだろうか。そして、なぜこの世には実際に天使が存在しないのだろうか。「はじめに」で紹介した、「天使が進化することは可能か」という問題と深く関わる論争が、19世紀のパリ、自然史博物館を舞台に戦わされたことがある。その論争をもとに、動物の形態について考えることにしよう。

キュヴィエの動物観

いまでは「動物学の父」と謳われる反進化論者、ジョルジュ・キュヴィエ（1769～1832年）は、動物の体が常に機能的な統一性を持っていることを強調していた。すなわち、蹄《ひづめ》を備えて草を食む（ウシやシカなど）偶蹄《ぐうてい》類の口に、食肉類の犬歯を思わせるような牙《きば》が生えることなどはなく、一方で食肉類は肉を引き裂くために鋭いかぎ爪と、それにふさわしい歯牙系をともに備えるのであると。もしキュヴィエが天使の解剖学的成り立ちを評価したならば、おそらく哺乳類のような皮膚で覆われた背の真ん中に、いきなり鳥類の特徴、すなわち羽毛を生やした皮膚が出現することにまず異を唱えたことだろう。もとよりキュヴィエは、生物が進化することを認めていなかったが、かといって目の前に天使がダ・ヴィンチの描いたとおりの姿で現れたとしたら、「これは私の知る動物として認めるわけにはいかない」と述べたに違いない。彼にとって動物の素性、すなわち分類学的位置は、その動物の一貫した特徴によって定義されるのであり、「頭が哺乳類、胴が爬虫類」といったような（一貫性を欠いた）動物は決して認めるわけにはいかなかったのだ。

キュヴィエが動物学の大御所として活躍する以前、18世紀末のイギリスでは、当時初めて動物学者の目に触れたカモノハシが物議を醸したことがあった。この動物があたかも鳥類を思わせるくちばしを備え、同時に毛皮に覆われていたため、多くの学者たちがそれを人為的な捏造品と考えたのである。確かにそのような模造品がつくられることは、当時多かったのだ。この混迷も、動物の特徴がどのように分布しているべきものかという形態学的センスと真っ向から対立するような非常識、いわば「天使的形態パターン」を目の当たりにして生じている。言い換えるなら、人間は、はっきりと教えられないにもかかわらず、動物の形の中に「受け入れることのできる自然さ」と「ちょっと受け入れることができない不自然さ」を区別しているのである。これが、形態学的センスとか、形態学的常識といわれるものなのだが、では、はたしてこのようなセンスはいったいどこに由来するものなのだろうか。

結局、そのセンスこそが、実は進化的多様化の明瞭な傾向に起因するものなのだというのが、これから本書で明らかにしようとしていることなのである。たとえば、このように考えてみよう。もしこの世がさまざまに多様な動物で満ちており、本当にそれがあらゆる無方向な変化を含んだ文字どおりの多様性であったとしたらどうか。そこには、文字どおりの「キメラ」、つまり、トカゲの背中にコウモリの翼が生えたような、2種かそれ以上の動物のパーツを組み合わせたものもいるだろうし、手足や目の数も動物ごとにまちまちだったりもするだろう。しかし、実際に目にする動物の形は決してそんなめちゃくちゃなものではなく、多様といっても、明らかに「ムラのある多様性」、あるいは「限界を伴った多様性」を我々は見ているのである。つまり動物の形態は、どんな方向にでも進化できるような、そんな自由なものではない。どれほど昆虫が多様であっても、翅《はね》の数や脚の数でもってそれが昆虫であることぐらいはすぐに知ることができる。その意味では、昆虫といえども、逃れられないルール、不自由さに縛られているのである。

進化と分類学

なぜ「ムラのある多様性」が生まれるかといえば、動物の形が樹木のような枝分かれとして進行する進化の帰結としてできてくるからに他ならない。ひとつのグループに属する動物種はみな、その祖先が持っていた特徴をある程度引き継いでいる。そしてその共有された基本型のもとに徐々に変化する。祖先によって規定された基本型を音楽の主題とすれば、進化的多様化はその変奏といったようなものだ。そして、そのような基本型を共有し、頑なに維持し続けているからこそ、昆虫は他のグループとは明確に区別されるのである。だから、このような樹木パターンの多様化の過程で、任意の2グループの中間型が現れるようなことは原理的に無理なのである(哺乳類と昆虫の中間型を簡単には想像できないように)。比較形態学と分類学を得意としたキュヴィエは、このような形質の偏った分布を、形態的一貫性や機能的統一性として解釈していた。

ラマルクの唱えた進化を認めないキュヴィエにとって、動物種とは、造物主によってつくられた最初の「ひとつがい」に由来するすべての個体群からなる集団であり、そのような生物群は決して他の種に変化していくこともなければ、別の種と交配することもない。動物種とは、そのような「不可侵の」存在であった。そして、そのような種が集まって、より大きな分類単位である「属」や「目《もく》」がつくられていく。そして、どのような分類単位を見ても、必ずそこには別の分類群には存在しないような独自の共通性を見出すことができる。ちょうど、いろいろなサルを含む「霊長類」と、イヌやネコの仲間をまとめた「食肉類」の間には明確な差が存在し、決して両者をつなぐなだらかな変化の系列など存在しないように。さりとて同じ哺乳類として、相変わらずある一定の「型」を共有しているように。しかし、キュヴィエが認めた最も大きなまとまり（彼はそれを、「枝分かれ＝embranchement」と呼んだ）になると、もう互いに共通の「型」を持つことはないと彼は論じたのであった（図1）。むろん、ここでいう枝分かれというのは、決して進化における系統的分岐のことをいっているのではない。

キュヴィエの名づけた「枝分かれ」という分類単位は、いまでいう「動物門」にほぼ等しい（この語は、のちに紹介するヘッケルによる造語である）。動物はそれぞれ、それが属する動物門に独特の「体のつくり」、すなわち「ボディプラン」を共有しており、そのような互いに異なった形のタイプを現在約30ほど認めることができる。が、当時キュヴィエはそれを4つのタ

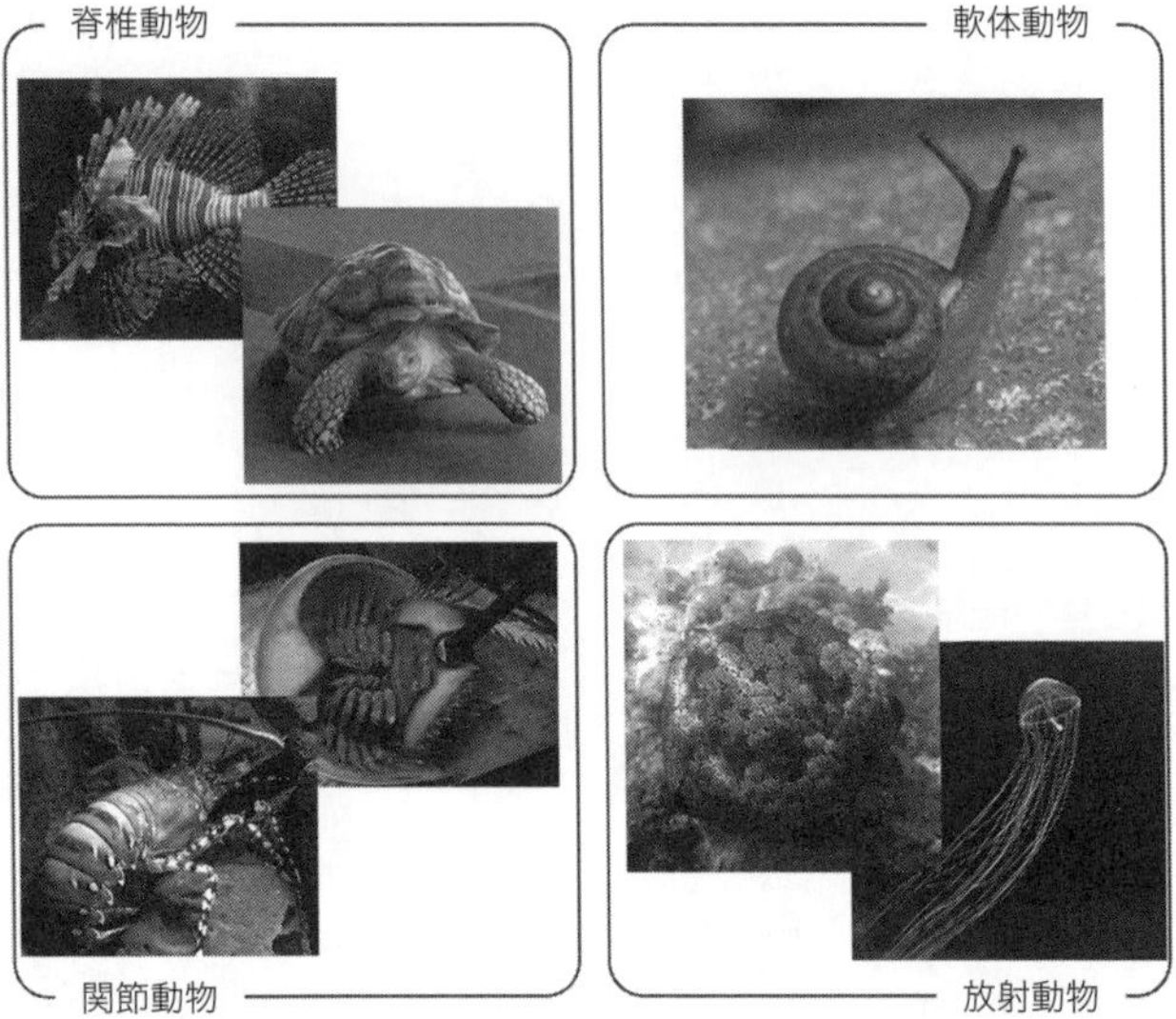

図1　キュヴィエによる動物の「枝分かれ」．４つの主要なボディプランが認識されている．

イプに分類していた。すなわち、

・脊椎動物
・関節動物
・軟体動物
・放射動物

がそれである（図1参照）。

　このうち「脊椎動物」は、現在の脊椎動物と呼ばれているものにほぼ等しい。つまり、魚や、両生類や、爬虫類や鳥類、そして哺乳類のように、硬い骨を体の中に持っていて（これを内骨格《ないこっかく》という）、とりわけ背骨を持った動物群である。背骨は専門的には「脊椎《せきつい》」といい、「脊椎動物」の名はこれに由来する。脊椎をつくる個々の骨は「椎《つい》骨《こつ》」と呼ばれる。ただし、この脊椎動物には、近縁の仲間がいる。ナメクジウオやホヤがそれである。これらの動物は背骨こそ持たないが、はっきりとした「前」と「後ろ」という方向性を持ち、基本的に体の構成は左右相称であり、脊椎動物の背骨の発生に先立って現れる「脊《せき》索《さく》」という支持器官と同じものを生涯、あるいは発生期に持つことが知られており、遺伝子の配列を調べてみても、確かに脊椎動物にきわめて近い。キュヴィエの頃はまだ、これらの動物が脊椎動物に近縁であることが知られてはおらず、別の「枝分かれ」に分類されていたのである（図2、ナメクジウオは、その発見当初巻き貝の仲間と考えられた）。そのようなわけで、現在では、脊椎動物と、ホヤ、ナメクジウオを合わせたより広い動物群、「脊索動物」を動物門として認めることになっている。つまり、背骨の存在や、明瞭な頭部があることで定義される脊椎動物は、少なくとも発生の一時期に脊索が現れることで定義される脊索動物の中の、さらに一亜門を構成するのである。

「関節動物」は現在の節足動物（エビ、カニ、昆虫などを含む）と環形動物（ゴカイやミミズなどを含む）を一緒にしたようなものにほぼ近く、左右相称の体の長軸を分断する分節《ぶんせつ》の存在を特徴とする。しかし現在では、節足動物と環形動物は別の進化の方向へと進んだ、異なった

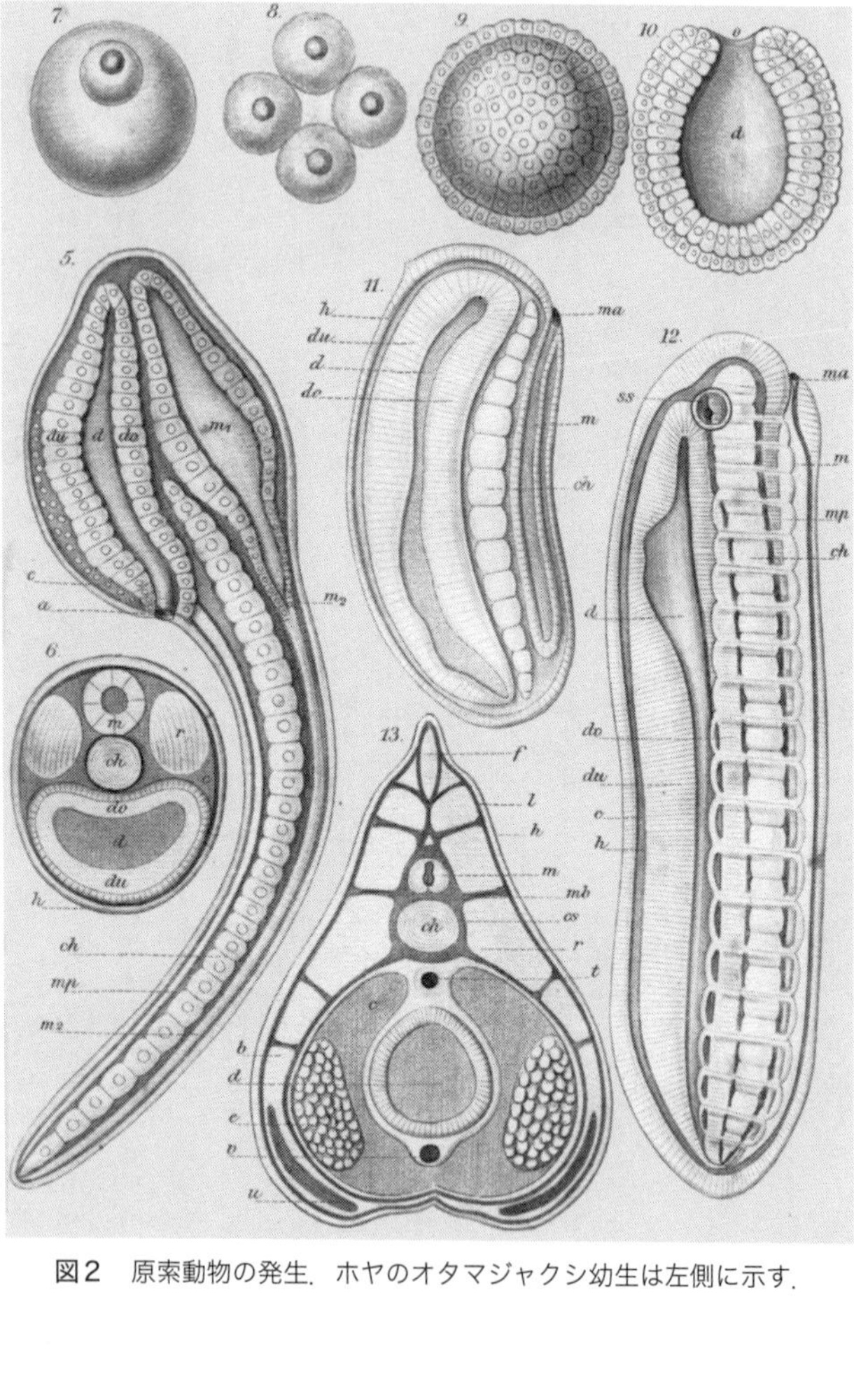

図2　原索動物の発生．ホヤのオタマジャクシ幼生は左側に示す．

動物門として区別されている。さらに、見かけ上分節が不明瞭になったいくつかの（分節がないように見える）動物群が系統的に環形動物に含められることが明らかとなっている。キュヴィエのいう「軟体動物」もまた、貝類やタコ・イカなどの頭足類を含む現在のものに近いが、キュヴィエは脊索動物のホヤをもここに含めていた。ここでいう「放射動物」は最も問題のある動物群で、クラゲやイソギンチャクのような刺胞《しほう》動物だけではなく、むしろ脊索動物に近いはずの棘皮《きょくひ》動物（ウニやヒトデ、ナマコなどの5放射相称の動物を含む）までもがここに含められていた（図1参照）。つまり、現在では発生上の特徴や、分子レベルでの解析によって明らかになった系統関係と齟齬を来しているものの、解剖学的に認識することのできる体の基本構築（ボディプラン）、あるいは最も一般的な体のパターンを足がかりに大分類群を設定しようという基本的理念をすでにここに見ることができる。そして最も重要なことは（いまでも大まかに正しいと認められているように）、先に述べた4つの「枝分かれ」同士の間には、まったくつながりや共通性を見出すことができないとキュヴィエが考えていたということなのである。

ジョフロワ

動物門の不連続性と、動物種の不変性・不可侵性が、キュヴィエの自然観の根幹を成すものであった。そしてそれは、彼が変異や連続的変化を嫌ったことや、反進化理論として唱えられた「天変地異説[1]」と軌を一にしている。一説によれば、キュヴィエのこのような自然観の背景にはパリ革命に対する激しい嫌悪があったのだという。そのようにして見たとき、地質学的動物相の変遷を説明する天変地異説が、まるで革命に対するトラウマの発露のようにも見えてこよう。少なくとも、キュヴィエが若い頃、革命とともに何人もの著名な学者が追放の憂き目に遭うのを目の当たりにしていたことはまぎれもない事実である。が、同じ革命を経験していながら、まったく異なったタイプの学者となったのが、のちにキュヴィエの宿敵となるエティエンヌ・ジョフロワ・サン＝チレール（1772〜1844年）であった（実際、キュヴィエを自然史博物館に招いたのが、このジョフロワであった）。実証主義に重きを置き、精緻な観察に基づいて体系化を目指すキュヴィエとは対照的に、ジョフロワは大局的な法則の発見に対する指向性が強く、また野心的な実験を行ったり、ダイナミックで奔放な概念化を試みる、キュヴィエとは対照的な、大胆な性格の学者であった。

たとえば、ジョフロワの提出した「結合一致の法則」は、現在いうところの形態学的相同性（ホモロジー：ジョフロワ自身はこれら相同器官の関係を「アナロジー」と呼んでいた）の判定基準を最も単純に述べたものである（図3）。つまり、異なった動物間においては、同等の

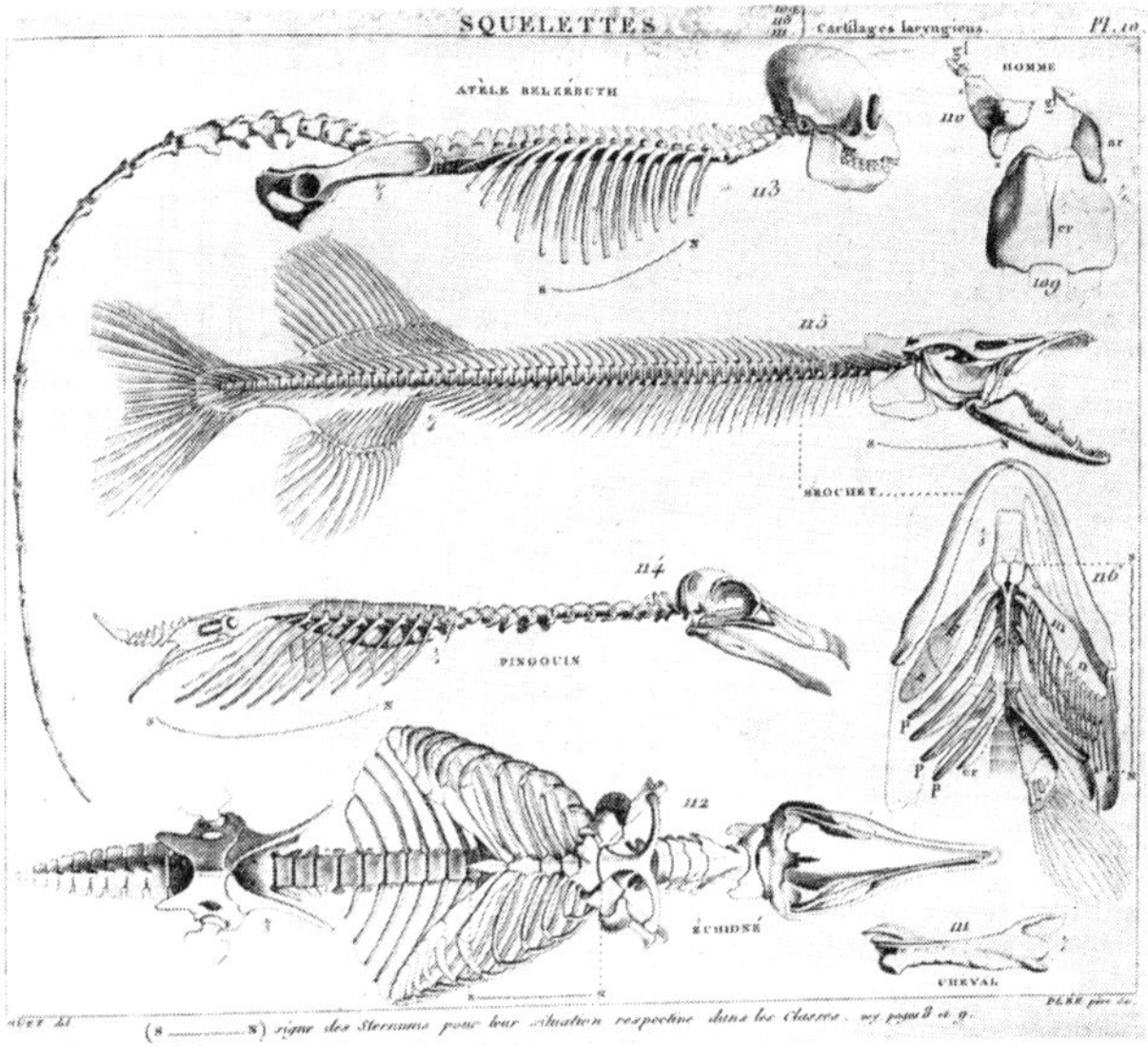

図3　ジョフロワの「結合一致の法則」．脊椎動物に含められるさまざまな動物は，みな同等なパーツが同じ順序で並んでつくられていると述べられている．

器官がすべて1セット揃っているだけではなく、それら対応する器官が常に一定のつながり方を示しているという法則である。先の天使の例でいうならば、天使が持つ翼の相同物が他の脊椎動物に見出せない限り、そのような動物を想像することもまた不可能である、というわけである。翼を持ち、かつ、手足が4本あるというならば、それはせいぜい「不完全な昆虫」とでもいうことになろうが、より詳細な解剖学的比較は、その仮説をも却下することだろう。神経系や骨格、感覚器官の配置があまりにも異なっているに違いないからだ。

この法則が、動物のボディプランと形態の相同性との関係を明確にしていることに注目しよう。形態パターンは、眼や鼻や口のような構造が、ただ寄せ集まって成立しているものではなく、ある一定の相対的位置関係のもとに存在し、それが動物体の方向性や軸、あるいは極性の存在を反映している、すなわち、体をつくり上げるパーツそのものではなく、パーツ同士の位置関係こそが形態の本質なのである。この「位置関係」はいまでも比較形態学的に相同性を判定するための、主たる根拠、あるいは判断基準のひとつとなっている。

構造と構造の間の相対的位置関係に形態的本質を見出そうというジョフロワのこの姿勢は、機能的制約を重視するキュヴィエのそれとふたたび鋭く対照をなす。加えて、ジョフロワは動物の発生が最初から決まっているわけではないという「後成的発生」、つまり「エピジェネシス」の初期の唱道者のひとりでもあった。この点でもまた、変化や変異を忌み嫌うキュヴィエの対極にあったといえよう。ジョフロワは、ナポレオンのエジプト遠征に同行した折、鳥類の受精卵にさまざまな操作を施し、胚発生がどのように乱されるか調べるための実験を行っていたのである。同様に彼は奇形学にも興味を持ち、正常とかけ離れた形を持って生まれてきた個体も、それを解剖してよく見れば、そこに正常な体と共通する特定のパターン、言い換えるなら、どうしても乱すことのできない形の法則性を見出せることを指摘した。言うなれば、動物の形が変わるのは決して無方向ではなく、常にはみ出すことのできないパターンに縛られているということなのである。彼にとって動物の「型」とはしたがって、具体的な形象である以前に、一種の観念に似た、きわめて抽象化された深層的な形や、あるいは形の変形運動の法則のようなものであったと覚しい。つまり、進化の過程で動物の形が変わっていくとしても、無制限に羽目を外すのではなく、何らかの「基本型」のバリエーションをつくり出すだけだ、ということなのである。ある意味、動物の体が発生上でき上がっていくプロセスを間接的に見据えていたといえるのかもしれない。ジョフロワの「型」とは、自らの存在を保守的に維持しつつ、種を越えて躍動し、進化と発生の末に形を変えて表出するものなのである。

ちなみに、エジプト遠征においてジョフロワは、肺魚《はいぎょ》とポリプテルスを初めてヨーロッパへと持ち帰り、「それがナポレオンのエジプト遠征における最大の成果だ」と揶揄するものがいたという。さらに、このときキュヴィエへの土産としてジョフロワが持ち帰ったのが、イエネコとトキのミイラであったが、約4000年前のこれらの動物が、当時のイエネコ、トキと寸分違わないことを形態学的に示し、キュヴィエはそれを「動物が進化しない」ことの証拠とし

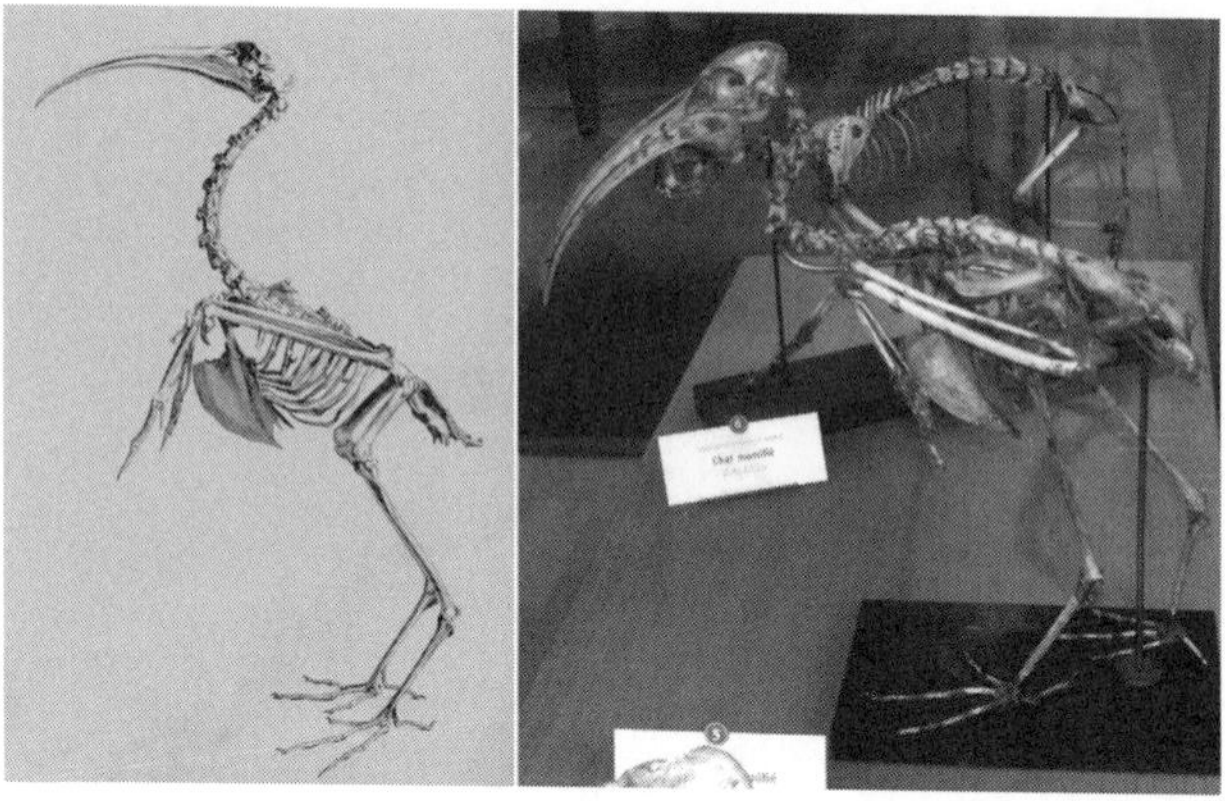

図4　左：キュヴィエが復元したトキの全身骨格．右：パリの自然史博物館に今でも残るトキの全身骨格．その向こうにネコの全身骨格が見える．

た（図4）。そのとき復元されたトキとネコの全身骨格標本は、いまでもパリの自然史博物館に陳列されている。当時、地球の歴史がたかだか数千年しかないと思われていたからには、キュヴィエのこの結論は「インテリジェント・デザイン論」などとは異なり、きわめて科学的、論理的帰結であったといわねばならない。

キュヴィエ、ジョフロワの両者とも動物形態の相同性を問題としていながら、それを見据える態度には、先に見たように大きく異なったところがあった。「型」という概念ひとつを取ってみても、実証主義者のキュヴィエが、動物の成体の解剖学的観察を通じて形態の基本的類似性や法則を着実に得ていたのに対し、ジョフロワの方法には、何か大胆で奔放なところがある。そしてそれがきわめて動的であるがゆえに、時としてキュヴィエには手の届かない、進化的な本質を捉えることすらあった。たとえば、キュヴィエは比較的近縁な動物同士の比較からはじまり、形態の類似性を常に機能と結びつけて考えていたのに対し、しばしばジョフロワにとって形態的パターンは機能と乖離した概念であった。確かに、現在でも相同性は機能的類似性を必ずしも意味しない。たとえば、哺乳類の中耳において、音の振動を鼓膜に伝える骨、キヌタ骨とツチ骨は、サメの顎《あご》の関節をつくっている軟骨と相同である。祖先が顎を動かすために存在していた骨を使って、我々はいま、音を聴いているのである。より明らかな例を挙げるのであれば、鳥類の翼は我々の腕と相同である。ダーウィンは『種の起源』において、脊椎動物全般にわたって相同な「手」が、動物ごとにさまざまに形を変え、それぞれに相応しい機能を個別に有していることを強調している。

あるいはジョフロワにとって、形態の本質は正常な解剖学的パターンそのものでもなく、一種、変容の規則とでもいうべき動的なイメージを伴っている。そして彼は、一挙に遠く隔たった動物の比較を試みたりもしたが、そのような試みが間接的とはいえ、時に「進化的な発生プログラムの変更」にも似た考えをもたらしたことも容易に想像できる。その極端な例は、イセエビと脊椎動物の体を比較し、重ね合わせようという破天荒な試みに見ることができよう（図

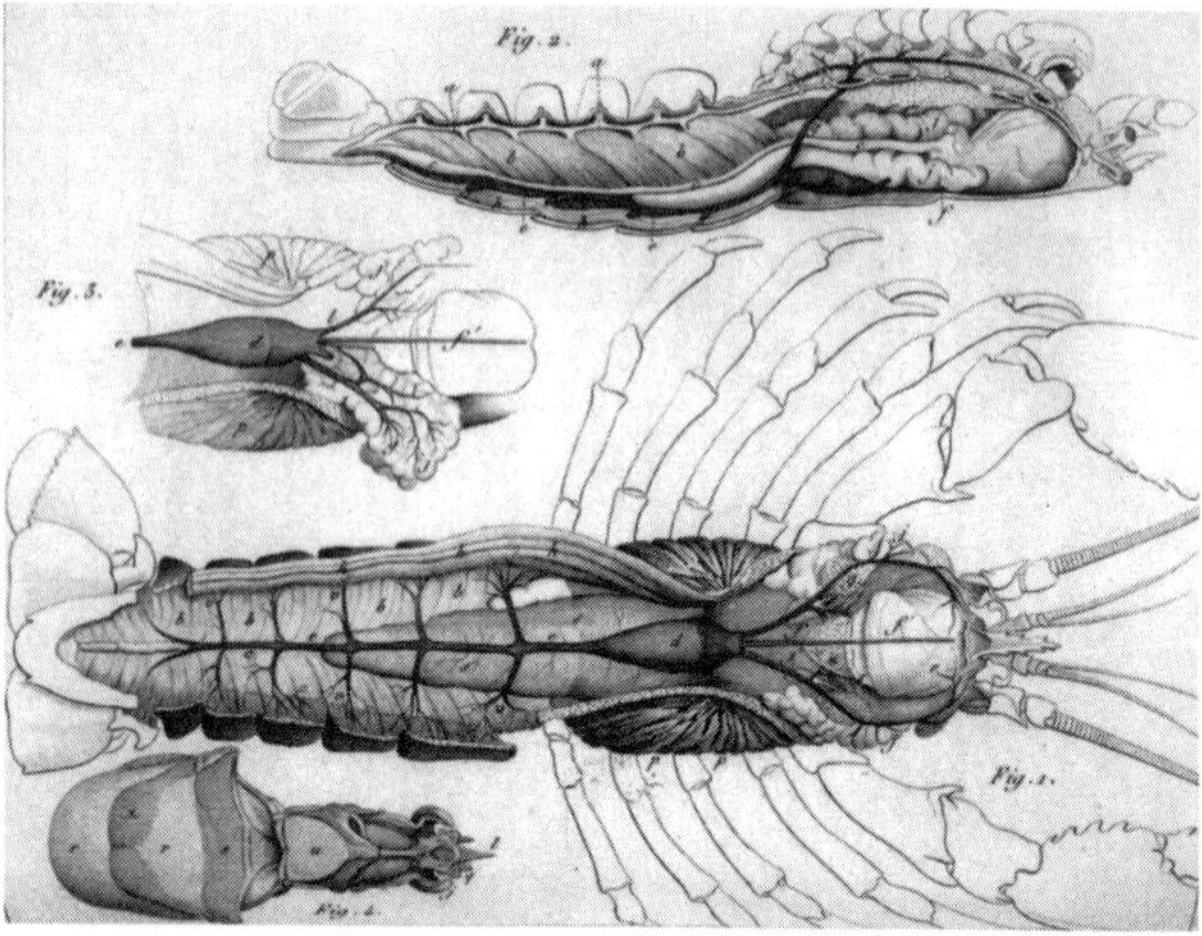

図5　ジョフロワが脊椎動物との比較のために背腹反転させたイセエビ．上の図ではイセエビが背腹反転して描かれているが，その結果，この動物の消化管が下に，神経管が上に移動する．この配置は，脊椎動物の体に見るパターンに一致するとジョフロワは考えたのである．

5）。つまり、節足動物の上下をひっくり返せば、解剖学的に我々脊椎動物の解剖学的パターンと同じものになる、というのである。

キュヴィエの想定した4つの「枝分かれ」には、明瞭な頭部と尾部、そして背腹を区別でき、左右相称のパターーンを持った動物（脊椎動物と関節動物）と、そうでないもの（放射動物と、一見、軟体動物）とが見分けられる。現在の理解では、軟体動物は二次的に体の形が逸脱しただけで、本来は前後軸を持ち、進化系統的には関節動物に含められた環形動物ときわめて近いことが示されている。つまり、動物の形を認識し、記述する方法の基盤は、対称性の軸の有無やその種類と数、そして軸上に現れる極性（前後、左右、上下など）を見分けることなのである。

この考えに沿うならば、最も単純な動物は不定形のカイメン、次いで放射相称のパターンを持ったクラゲやクシクラゲの仲間が現れるということになる。対して多くの動物は明瞭に左右相称で左右相称動物――バイラテリアと呼ばれるが、これらの動物は、先に述べた脊索動物を例外として体の腹側に中枢神経を持ち、背側に消化管を持つという基本パターンを共有する。これとは逆に、我々脊椎動物の中枢神経は背側の脊柱の中を走り、消化管は腹側にある。すでに触れたとおり、このような基本的な形態パターンの違いも、イセエビを背腹反転することによって脊椎動物の体に重ね合わせることで解消できるのではないかと、ジョフロワは考えた（図5参照）。このとき、イセエビの外骨格を内側に移動させれば、それは我々の背骨や肋骨のような内骨格となって、我々のものと同じになり、神経系や背骨に見るように、もとより甲殻類を含む節足動物と我々脊椎動物はともに前後に分節が並ぶという共通のパターンを備えている。つまるところ、一定の変形を通じて、「関節動物と脊椎動物は、同じ統一的な型に包摂することができる」というのがジョフロワの考え方であった。つまり、キュヴィエが究極的に不可侵の単位として立てた大分類群同士を、ジョフロワは「型の統一」という概念の元につなげ

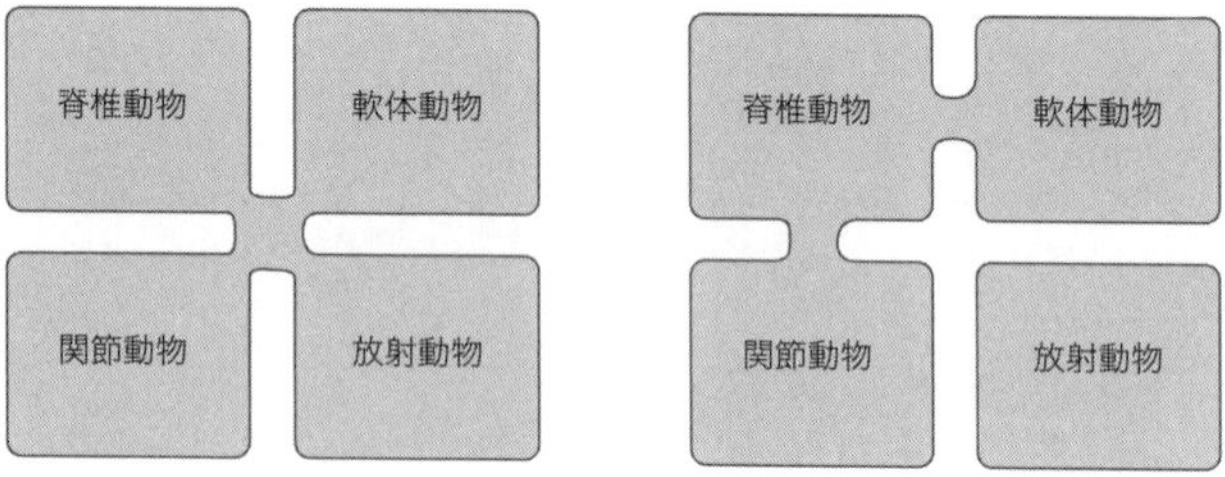

図6　ジョフロワによる「型の一致」．左では統一的「型」から動物の「枝分かれ」が派生することを図示した．いわゆる原型論的な理解の方針である．一方，右の結合はジョフロワの実際の比較を例示したもの．右のような比較を行っている限り，進化系統的な議論へ進展する余地は残るかもしれないが，この結合の仕方は実際の進化系統的関係とは異なっている．

てしまったのである（図6）。

このジョフロワの試みに似た比較を、軟体動物と脊椎動物の間で行った論文が、パリ市民からアカデミーに提出され、これを巡ってジョフロワとキュヴィエの対立が明るみに出ることとなった。そこからはじまるのが、いわゆる「アカデミー論争」と呼ばれるものである。キュヴィエにしてみれば、自分の唱えた「枝分かれ理論」を利用し、思想的にまったく相容れない「型の統一理論」を述べるジョフロワが許せなかったのであろう。その怒りは容易に理解することができる。それから戦いは何年も続き、明瞭な決着を見ないまま、キュヴィエは他界してしまう（キュヴィエ男爵がコレラで死んだという記述を多く見るが、実際には心臓の病気であったらしい）。現在では、少なくとも脊椎動物を含む脊索動物の出現に先立って、確かに背腹反転に似た進化イベントがあったらしいとか、すべての左右相称動物に共通する基本的ボディプランがあるらしいということがわかりはじめ（それについては後述する）、何かとジョフロワの肩を持つ論調が幅を効かせているが、実際のところははたしてどうなのであろう。

誰もが思いつくように、動物の形態パターンが、その機能的制約のゆえ、ゆるぎのない型にはまったものか、はたまた、基本的には同じ深層的な進化プログラムに端を発し、それが進化的変化により多様化したものか、といった二者択一が簡単にはできないことを知っている。なぜなら、進化的歴史として、両者とも正しいからだ。脊椎動物である限り、それがどんなに奇妙な動物であってもその体には背骨があり、多くのものは2対の肢《あし》もしくは対鰭《ついき》を持つ。確かに、ジョフロワのいうとおり、そこにはある種の「型」が存在する。また、遺伝子の教えるようにすべての動物が単一の祖先にはじまっているからには、多くの同祖的な遺伝子が動物門を越えて広く共有されるばかりか、解剖学的に遠く隔たっていても、内分泌細胞や神経細胞など、体をつくり上げる素材としての細胞のタイプには一定のレパートリーしかない。ちょうど、どんな建物や機械をつくろうと、その部品には同じ規格品を使わざるを得ないといったように。それもまた、ゆるぎがたい事実である。かと思えばまた一方で、現在の昆虫は、いくら待ってもトカゲやヒトに進化していかないし、それが昆虫である限り、必ず6本の肢と、3部構成の体と、原則として2対の翅《はね》を持たざるを得ないことを知っている。その局所的な制約は、昆虫を我々から果てしなく遠ざけている。それはまた、我々陸上の脊椎動物がどう頑張っても2対の肢しか持てない（したがって、ちょっとやそっとでは天使のような形に進化できない）ことと同様である。

いかに根元を共有していようとも、多様化し、分岐を繰り返したのちは、もはや後戻りすることはできないらしい。そして、形態の進化は常に、祖先が持っていた体のつくり方を変更することでしか得られず、結果として進化の方向性にある制約が生じることになる。この不自由さのことを「発生拘束《こうそく》」と呼ぶ。では、いったい何が発生拘束を生み出すのか、相同な器官のセットが現れる仕組みとは何なのか、それはいかに変化し、あるいは変化せず、そして結果としてこの分類体系を生み出しているのか。本書の以降の部分では、進化生物学と発生学を取り込むことによって、動物形態学がどのような理解の体系になりつつあるのか、筆者の守備範囲を中心に書き進めて行こうと思う。

パリ自然史博物館の位置する植物園の周囲には、いまでもビュフォンやキュヴィエなど、錚々たる学者たちの名を冠した通りがいくつもそのまま残っている。それらのうち、「キュヴィエ通り」と「ジョフロワ・サン＝チレール通り」の出会う交差点を見るたびに、アカデミー論争の経緯を知る進化生物学者たちは感慨にふけるのだという。私も何度か、そこにたたずんだことがある。思えばそれ以来、動物形態学は新しい研究分野を取り込み、いまや凄まじいばかりの理解に達しようとしているのだとあらためて思わずにはいられない。

ゲーテと分節幻想

19世紀前半のパリでジョフロワとキュヴィエが激しく論争していた頃、ドイツ、ワイマールにあってそれを伝え聞いたかの老ゲーテ（ヨハン・ヴォルフガング・フォン・ゲーテ、図7）は、ジョフロワに声援を送ったと伝えられる。ジョフロワの「型の統一」理論と詩人ゲーテをつなげるものとは、はたしていったい何だったのだろうか。

ゲーテは文豪であると同時に自然学者でもあった。しかも、要素還元主義的な手法に頼るのではなく、ものや現象の「質」を損なうことなく、事物の連なりや関係性を重視した、ユニークな理解の方法を模索する思索家でもあった。たとえば彼は、植物の生殖器官である「花」を理解するために、それを分解し、切り刻み、組織や細胞まで分け入っていくようなことはせ

図7　ゲーテの胸像.

ず、「花」を含む植物体全体の構成を見つめ直し、この器官が葉の変形したものの集まりであると考えた。この理解は、いまではほぼ正しいと認められている。さらにゲーテは、多種多様な植物すべてを生み出したおおもとの「原植物」（それは花を持たず、すべてが葉のみからなる）とでもいうべきイメージを、あたかも実際に存在するかのように探し求めようとさえしていた。

ゲーテにとって形の本質とは、ある種の認識論的理想化を経て得られるイメージ、つまり「原型」であった。いうなれば、「そこからどのような植物でも導き出すことのできる表象」である。進化を現実のものとして受け入れている我々からすれば、それは花を持つすべての植物の共通祖先ということになるのであろう。が、ゲーテにとっては、現在目に見える多様な形をどのように解釈するかがすべてであった。彼の認識方法の特徴とは、形態を具体的パターンや機能から切り離し、理想化された形態要素のつながり（結合）や繰り返しのパターンを記述することにより、すべての植物を同じパターンの変形として説明することだった。この抽象化された形態認識の方法が、ジョフロワの比較の方法とよく似ているのである。

ゲーテはこの、「繰り返し」と「変形（変容）」で形態的多様性を説明するという方法を哺乳類の骨格にも当てはめ、有名な「頭蓋骨椎骨説《とうがい》」を導いた。つまり、「脊椎動物の頭蓋骨も、元を正せば変形した6つの背骨の集まりに他ならない」という考え方である。しかしこの物言いは、実のところ、ゲーテとほぼ同時期に同様の結論へと至ったローレンツ・オーケン（1779〜1851年）のものといったほうがよいかもしれない（図8）。実際に、このふたりの学者のどちらが先にこのセオリーにたどり着いたのか、いまでもはっきりしないからだ。いずれにせよ両者とも、形態要素のつながりに重点を置き、そこに形のパターンの本質や一般則を見出そうとしていたという姿勢を共有している。そして、ラマルクが独自の進化理論をしたためた『動物哲学』の出版をよそに、19世紀初頭、すでに述べたジョフロワやキュヴィエをも含む多くの形態学者たちが、動物の頭蓋骨の本質を見極めようと、その分節的構築の解明にいそしむことになったのである。そして、そこで追究された変形の理解は進化に似て、決して進化と同じものではなかった。

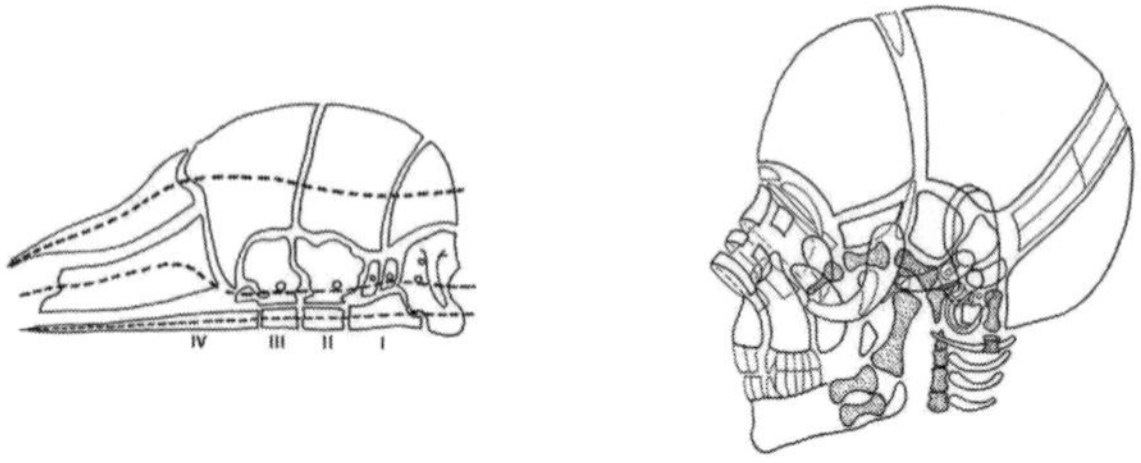

図8　オーケン（左）とゲーテの後を継いだカールス（右）による分節的頭蓋．左は若い偶蹄類のもの，右はヒト成人の頭蓋骨を，分節的模式図として描いている．

ここで、頭蓋にいくつの椎骨要素が含まれているかについての諸説を、学者ごとに比較して見てもはじまらない。ただひとつ重要なことは、当初その議論が「進化抜きに」行われていたということである。むしろ、誰もが動物形態の観念的な「原型」を指向していた。まさに、ジョフロワの型の統一理論に近い形態学研究が、アカデミー論争以前から行われていたことになる。いまなら、それを「原型」などとはいわず、明確に「共通祖先の持っていた形態」であるとか、あるいはその動物が持っていた、「最も祖先的な発生プログラム」などと表現するところであろう。しかし、進化論以前の当時の形態学者にそのような現代的ツールや概念が使えるはずもない。いきおい原型は、何か抽象化された観念（イデア）として、雲の上を漂い続けるしかなかったのである。その歴史の中で現代的な視点から、最も語るに足る学説を唱えた学者がいたとすれば、それは英国の解剖学者、リチャード・オーウェン（1804〜92年）だろう。

オーウェンの描いた原動物

そもそも、オーウェンが頭蓋骨椎骨説を取り入れた背景には、彼の仇敵、トマス・ハクスレー（1825〜95年、ダーウィンのブルドッグとして知られる）との確執があったらしい。ハクスレーが当時の英国において珍しくドイツ語が堪能で、形態学に造詣が深いということになると、オーウェンもまた、必死にドイツ形態学を学ぼうとする。そうこうするうちにすっかりゲーテびいきになってしまったオーウェンは、持ち前の比較骨学の知識を総動員し、1848年、「すべての脊椎動物を導き出すことのできる原動物」を実際に描いてしまったのである（図9）。

さて、それははたしてどのような「動物」か。オーウェンはまず、「典型的な（理想化された）椎骨単位」なるものを考案した。それは、椎骨の本体である椎体、その背側に中枢神経（脊髄）を取り囲む「弓」のような形をした1対の神経弓《きゅう》、その背側正中に神経棘《きょく》、椎体の腹

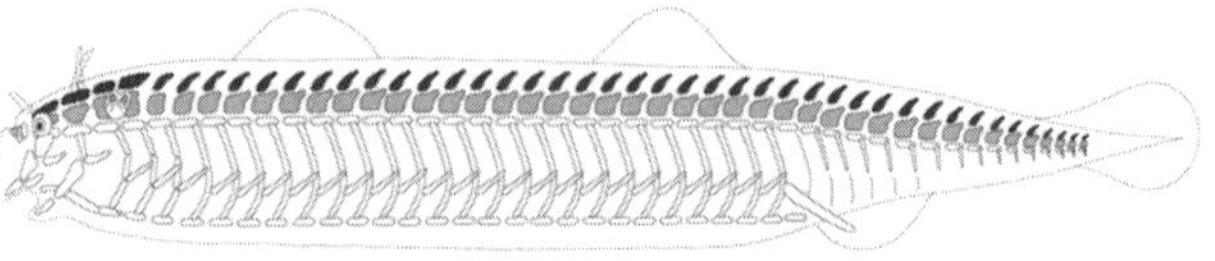

図9　オーウェンの描いた原動物.

側には動脈を取り囲む1対の血道弓《けつどうきゅう》、椎体の側方には横突起《おうとつき》とさらにその遠位に肋骨、肋骨の下方は胸骨に連なり、肋骨中央に生える鉤状《こうじょう》突起からなる、というものである（図10）。そして、オーウェンは、脊椎動物の体はすべてこのような椎骨が「繰り返し」、場所に応じて「姿を変える（変容）」ことによってつくられていると論じたのである。その問題の原動物は、実際に椎骨の連なりとして描かれた仰々しく不格好な魚のようなものとして提示されている（図9参照）。その前方部には、椎骨がいくつか連なって頭蓋ができ上がっており、そこから生え出した肋骨はエラの骨に変容している（本当は、エラの骨は肋骨とは異質のものである。また、肋骨の途中から生え出す鉤状突起は、前方では胸鰭《びれ》に、後方では腹鰭に変化するきざしを見せている。さらに、背中には2つの背鰭が描かれており、「哺乳類においてもこのような突起がフタコブラクダの瘤《こぶ》や、バイソンの背中の高まり」として残されているなどと説明されたのである。

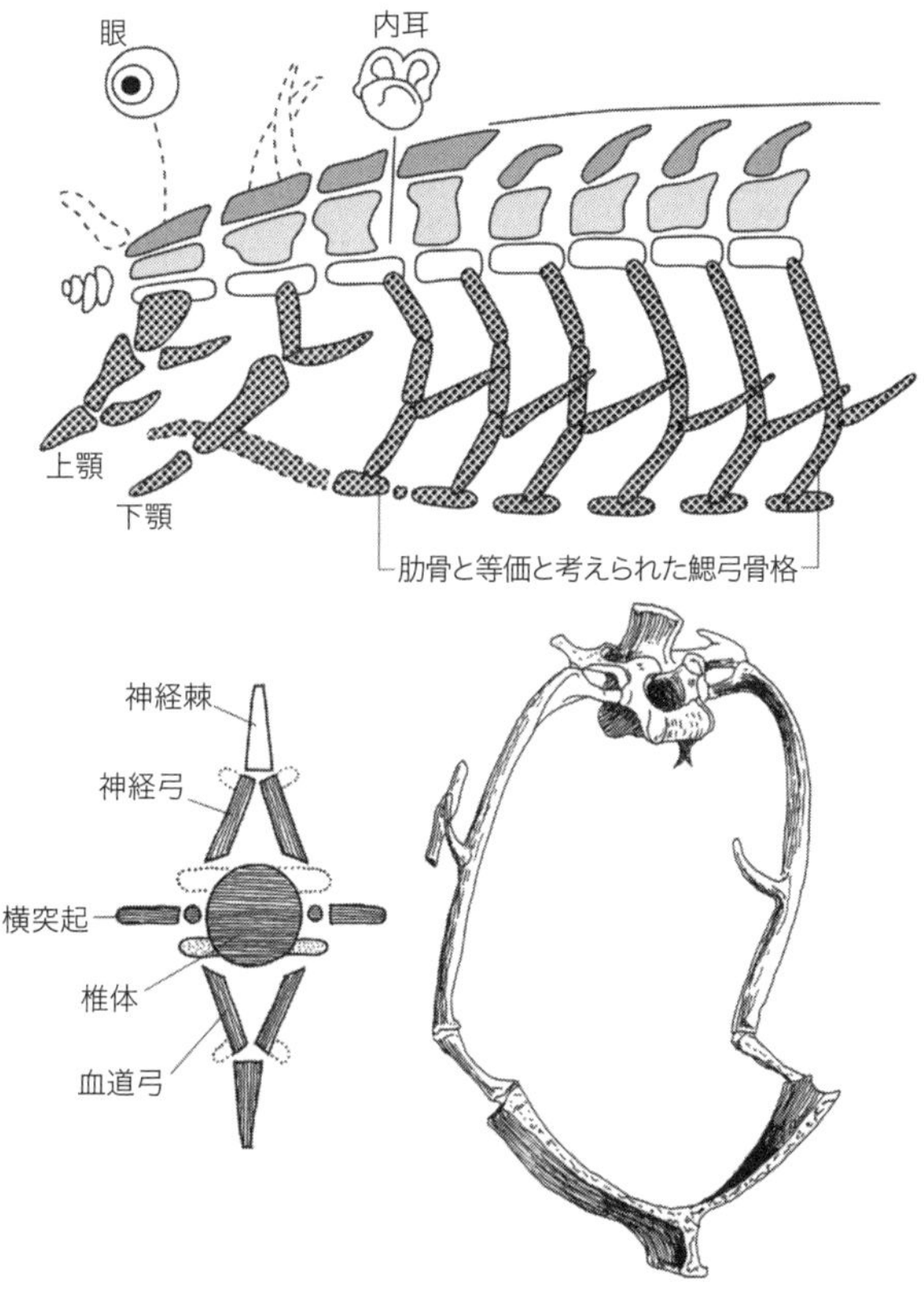

図 10　オーウェンの原動物の頭部とその構築単位である椎骨の一般型．上の図では，脊椎動物の頭部が変形した椎骨の寄せ集めに，感覚器官が付加したものと考えられたことを示す．下図左にはひとつの椎骨単位を示す．これは，神経棘，神経弓，横突起，椎体，血道弓からなる．このような構成要素は，変形ののちにも保存されると考えられた．下図右は，実際に見る鳥類の椎骨単位．背側に椎骨があり，その両側から鉤状突起を備えた肋骨が伸び，腹側で胸骨（ここでは輪切りになっている）に結合する．

言うまでもなく、このような動物を脊椎動物の祖先として見ることには抵抗がある。ゲーテの時代は、形態認識の行き着いた果てに見出される理想化された表徴として原型を唱えてもよかったのだろうが、オーウェンの活躍した19世紀中盤は、そろそろ学者たちが進化を問題にしはじめていた頃である。脊椎動物の祖先として漠然と考えられていたイメージと、オーウェンが提示した原動物の姿はあまりにもかけ離れていた。無論、進化を否定していたオーウェンにとって、この原動物は祖先の姿を示すものである必要などさらさらなかった。むしろ、本来は比較を通じて観察者たるオーウェンの頭の中にでき上がった、いわば終着点としての理想化されたイメージを、逆に出発点として用い、各動物の形態へと一直線に導いて行くことこそが目的であった。形態学の歴史におけるオーウェンの功績はといえば、一般には「相同と相似」を定式化し、広く知らしめることにあったといわれる(が、それには異説もあり、オーウェン以前に、相同性はすでに適切に定義されていたともされる)。それによると、相同物とは、「同一の器官に由来するもの」と説明されるが、オーウェンの原動物の扱いを見れば、ここでいう「由来」が必ずしも進化的由来を語っていたわけではないことがわかる。オーウェンは進化を否定していたのだから、それは当然である。むしろ、この「由来」は、人間の観念から具体的形象が導き出されてくる、頭の中の過程なのである。

したがって、進化的信憑性を抜きにすれば、オーウェンの原動物にまつわる問題は、それが脊椎動物のボディプランを本当に正しく表現し得ているかどうか、だったのである。そしてこの問題と真っ向から向き合ったのが、前述のハクスレーだった。ハクスレーはオーウェンの原動物理論が発表された10年後、クローニアン・レクチャーにおいて、頭蓋の分節説（前述）を粉砕したと一般には説明される。では、それはいったいどのような方法によってであったのだろうか。ゲーテやオーウェンの形態学は、自然をいかに解釈するかというレベルでのものであった。したがって、そこには観察者の主観や先入観が大きく作用することになる。その弱点に気づいていたのであろう、ゲーテは、「私は、私の考える原型がすべてを説明するまで、観察をやめることがない」という意味のことを述べている。つまり、原型は単なる思い込みではなく、経験主義的に裏打ちされたものでなければならず、「ひとつの動物の観察によって得た原型的パターンが正しいものであれば、それは別の動物の頭蓋をも説明できるものでなければならず、それがもしできないというのであれば、それは自分が得た原型が不完全なものであるからであり、それはさらなる観察を通じて修正されねばならない」ということなのであった。それに対して科学的議論は仮説を立て、実験や演繹、検証を通じて、正しい結論を導いていかねばならない。経験的にのみ考え出される観念は、必ずしも科学的に正確だといえないこともあるのである。とりわけ、当時の「経験」は、生物の多様性の内訳を進化的なヴィジョンで語る能力を持たなかった。

ここで、脊椎動物の頭蓋骨がどのように見えるのか確認してみよう。頭蓋骨といってもそれは単一の骨ではなく、いくつかの要素が集まってできた複合体といったほうがふさわしい。昔、ゲーテが頭蓋を椎骨の集まりだと考えた背景には、彼の足下に転がっていた偶蹄類の頭蓋骨が、若い個体のもので、それゆえ要素同士が融合しきっておらず、バラバラになりかけていたからだという。つまり、でき上がった頭蓋よりも、できかけの頭蓋のほうがその本来の成り立ちを適切に教えてくれるという傾向がある。確かにそれは正しく、マウス新生児の頭蓋骨の底部（頭蓋底）を観察すれば、そこには後方から前方にかけて、底後頭骨、底蝶形骨、前蝶形骨という要素が縦に並んでいるのがわかる（図11）。これらは軟骨によって結合され、あたかも脊柱における椎体の並びを思わせるような印象がある。つまり、仮想的な「椎体」というわけである。さらに、オーウェンの椎骨説にならえば、これら中央に並ぶ仮想的椎体の外側に対をなす骨が見つかり、それを神経弓になぞらえることができるのだという。実際、現在でもしばしば、前述の3分節に椎骨と同等の形態的価値を見出す見解が発表されることがある。いずれ、初期の頭蓋骨椎骨説では、これら底後頭骨をはじめとする底部正中の要素が、椎体の変形

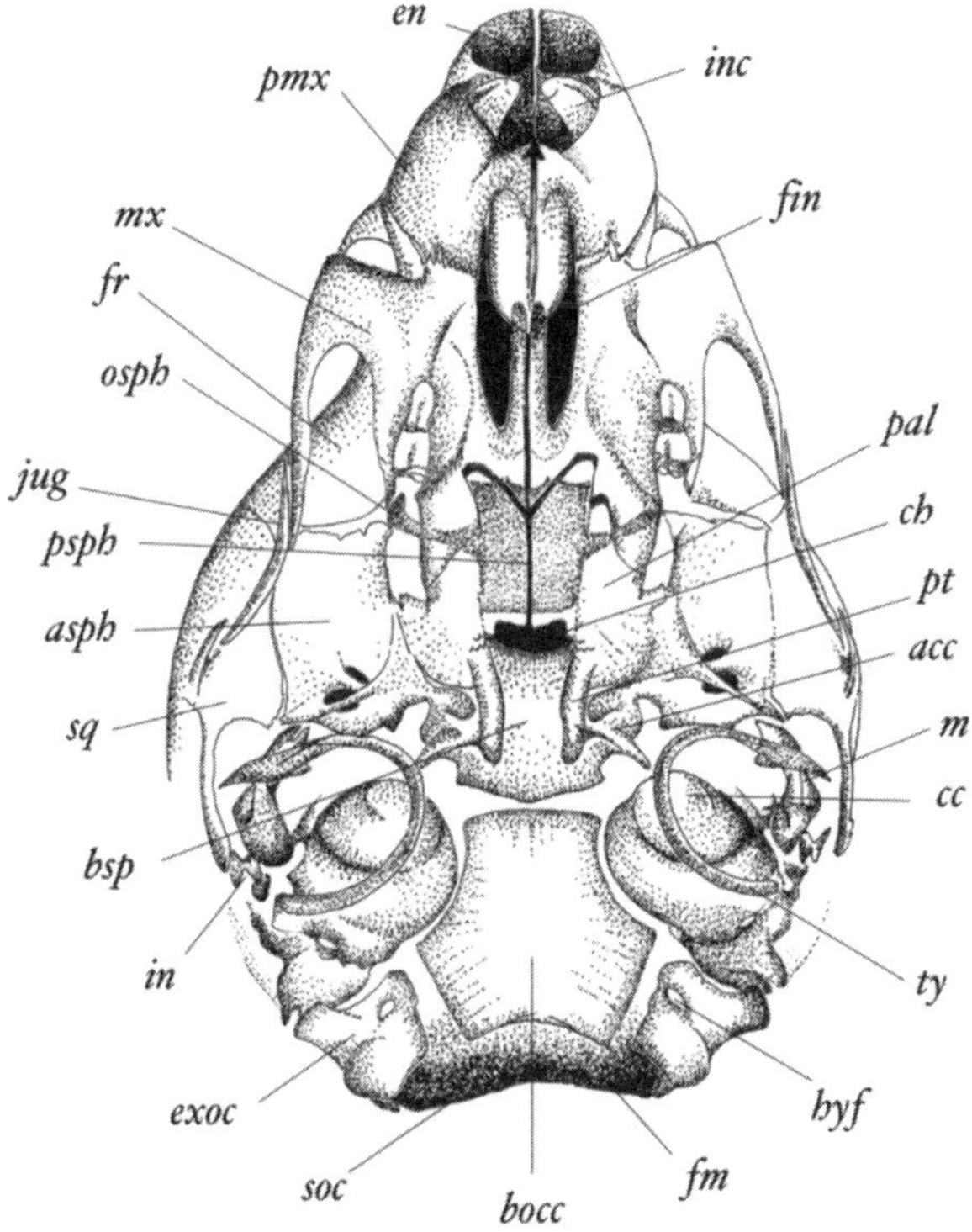

図 11　生後 1 日目マウス新生児を，カルシウムを染めるアリザリン・レッドで染色し，下顎を取り去ったのちに頭蓋底を腹側から見たもの．頭蓋底の後方より，底後頭骨（bocc），底蝶形骨（bsp），前蝶形骨（psph）が分節的に並ぶ．これを頭部における椎体に見立て，それらに付随する神経弓要素として，外後頭骨（exoc），翼蝶形骨（asph），眼窩《がんか》蝶形骨（osph）が説明されることが多かった．

した、椎体と同系列の骨要素だと考えられていたのである。そして、はっきりとした形を伴わずとも、これと同等な要素がさらに前方にも存在していると考えられた。

このような形態要素の関係を、比較形態学においては「系列相同」と呼ぶ。形は大きく変わっていても、本来同じものが繰り返しているにすぎない、あるいは連なりを示す形態要素が、場所に応じて形と機能を変えているにすぎない、という認識である。たとえば、甲殻類や昆虫の体にも同様な形態の変容を見てとることができ、頭部の触角や口器は、後続する歩脚の系列相同物であると認められている（図12）。これらすべての器官は、節足動物の体の構成単位である分節ひとつにつき常に1対備わっている「附属肢《ふぞくし》」の変形したものなのである。

では、形態要素の繰り返しと、その各要素の変容によって具体的な形ができ上がっているとして、その原型、つまり、まだ変容を経ていない「デフォルト形」というものがあるとすれば、それはどこに見ることができるだろうか。すでに述べたようにゲーテは、花がなく、葉だけからなる原植物が実際に存在すると信じ、それを探しに行こうと考えた。それに対して、そんなイデア論は捨て去り、植物の共通祖先を考えたほうが現実的なのではないかと、進化を知る我々は考える。そしてもうひとつの考えは、もし形態的変容の過程、つまり形態分化が発生

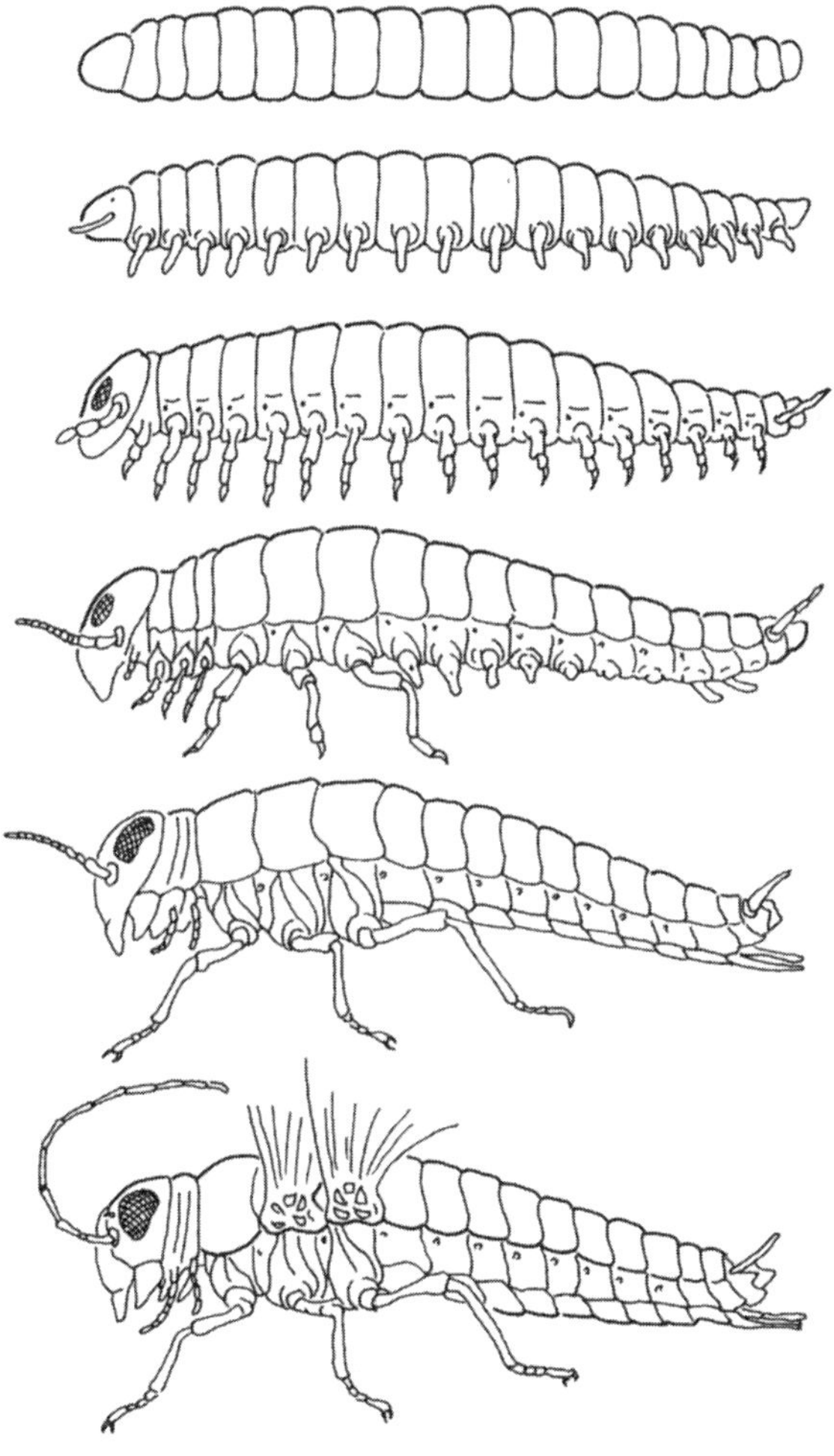

図 12　昆虫の体の原型論的解釈.

中に起こるのであれば、それが起こる以前の基本的発生プランにそれを見出すことができるのではないか、ということになる。ハクスレーの考えもこれに似たものだった。

ハクスレーの一撃

最初に、発生と進化の関係を明瞭に形態学議論に持ち込んだひとりがハクスレーだった。発生においては、動物は卵から胚《はい》（エンブリオ、できかけの個体）が生じ、それが徐々にサイズを増し、形を複雑化して成体になる。進化においては、単純な体制の祖先がしだいに複雑で特化した形を獲得して、高度な機能を備えた子孫をもたらす。どちらにおいても、単純から複雑へ、という変化が時間軸の上で明らかとなる。この2種類の時間的過程の間に平行性を見てとろうというのが、初期の進化形態学者たちの方針だった。のちにも述べる「反復」というものの見方も、同じ思考の方針の中から生まれてくるものである。そしてそこでは、胚の各段階が祖先の系列になぞらえられ、胚の中にでき上がっていく体の各器官のひな形、つまり「原基《げんき》」が、祖先的動物が各時代に持っていた器官の姿と比較されることになる。ならば、ゲーテの幻視した「原型」は、最も初期の胚の姿に現れているということになるのだろうか。

先にも述べたように、ハクスレーはドイツに花開いた自然哲学や観念論に大きく関心を寄せており、そのつながりの中から、原型についても深い思索を行っている。現代に連なる科学主義の立役者のひとりであるハクスレーにしてみれば、原型を単なる観念として捉え、納得するわけにはいかなかったのであろう。そもそも軟体動物を研究対象としていたハクスレーは、「原型的軟体動物」を考えるにあたって、原型があらゆる二次的変容を排した、オリジナルの形象であるべきとするなら、それは軟体動物各グループ特有の変形を除去した、すべての軟体動物に見られる一般的特徴のみからなるような動物、それはつまり、全軟体動物の共通祖先のことをいうのではなかろうか、と想像した。

のちに研究対象を脊椎動物へ移したハクスレーは、オーウェンの原動物理論、とりわけその頭蓋骨の解釈を否定する上で、別の思考方法を採用した。つまり、動物の発生過程をさかのぼっていけば、それはその動物が獲得した特殊性の度合いをしだいに下げてゆく、つまりその動物が進化してきた道を逆にたどっていくことになりはしまいか。つまり、硬骨魚《こうこつぎょ》（ゼブラフィッシュやメダカなど）の頭蓋の発生をさかのぼれば、それが骨になる前の軟骨状態が、硬骨魚の祖先に相当する（と長らく思われていた）軟骨魚類（サメやエイなど）の頭蓋を彷彿とさせるであろうし、そのさらに前の発生段階は、軟骨ができたばかりのヤツメウナギの段階を、そして軟骨さえできていない膜性のカプセルが脳を包み込む状態の胚は、ナメクジウオの段階に

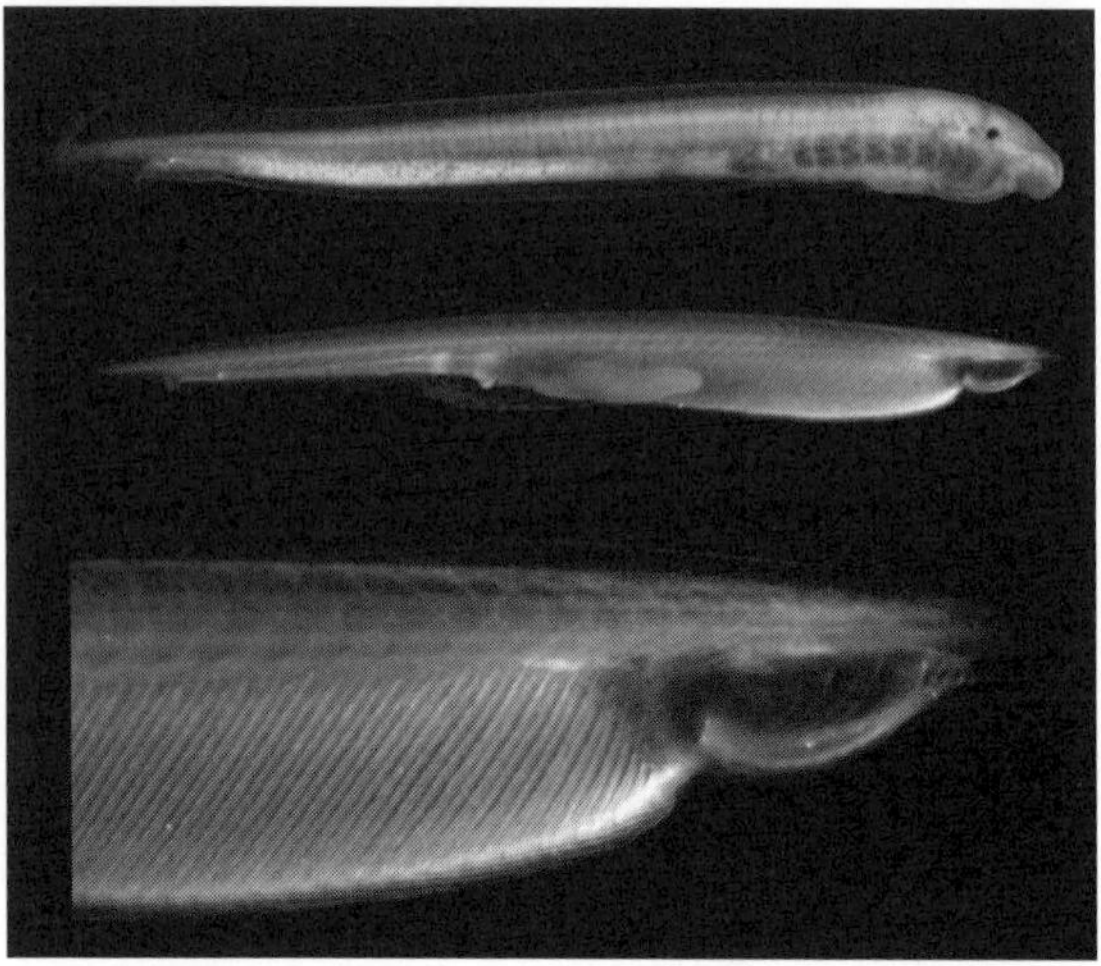

図 13　ヤツメウナギのアンモシーテス幼生（上），ナメクジウオ成体（中），ナメクジウオの「頭部」の拡大（下）．

似るであろう（図13）。そしてもし、脊椎動物の頭蓋の基本パターンを、椎骨の並びと同じものと見なすことができるというのであれば（頭蓋が椎骨だけでできていた祖先がかつて生存していたなら）、頭蓋原基が椎骨原基の並びとして現れる瞬間が硬骨魚の胚発生の途中にも現れるであろう、とハクスレーは考えたのである。

　しかし観察の結果、ハクスレーは硬骨魚の胚の頭蓋骨原基にいかなる椎骨原基の痕跡をも見出すことはできなかった（図14）。確かに椎骨は軟骨原基の連なりとして発する。しかし、頭蓋の原基には一向に椎骨を思わせるようなものはなか

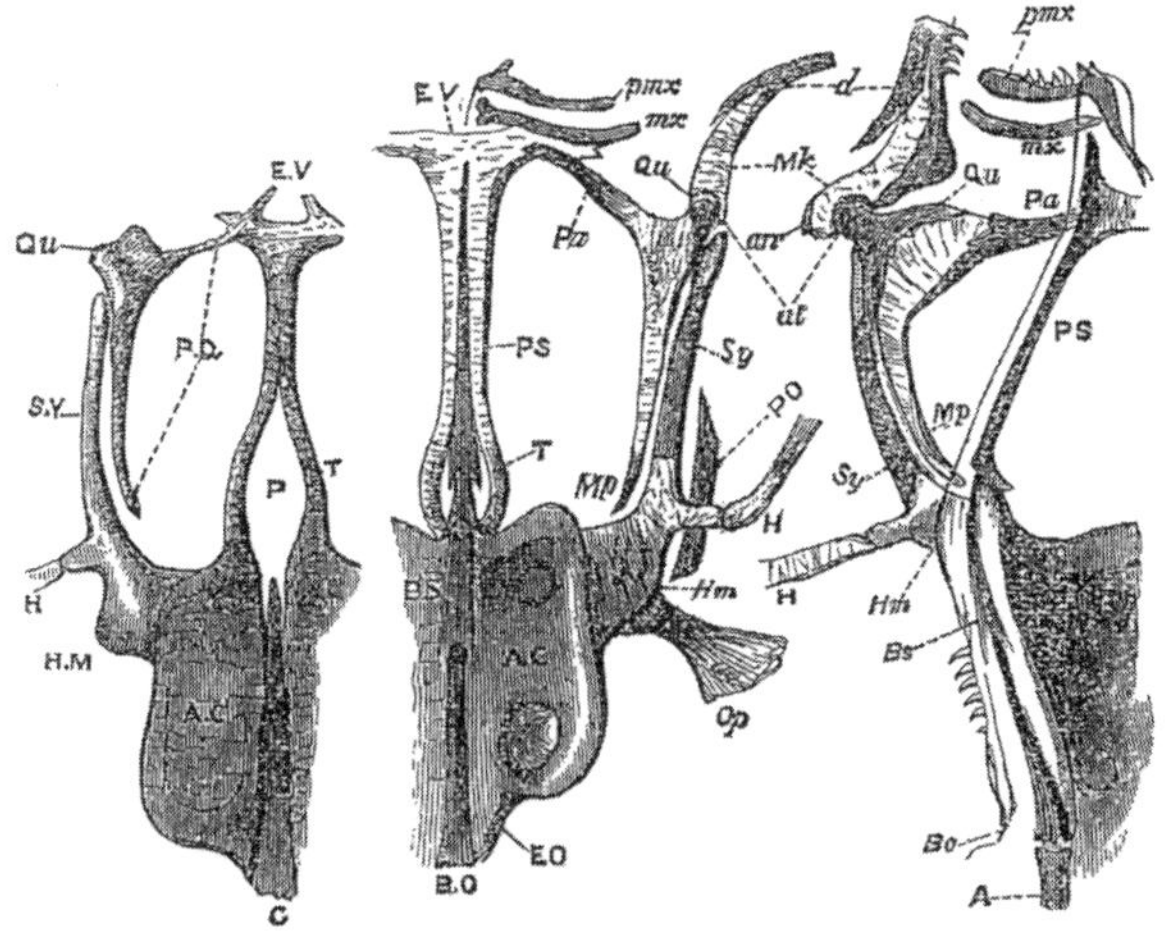

図14　ハクスレーによる硬骨魚の頭蓋の発生．耳殻《じかく》（AC）の内側，脊索（C）の両脇に出現する軟骨が傍索《ぼうさく》軟骨と呼ばれるものであり，ハクスレーの観察では，この中に分節的原基を見出すことはできなかった．

ったのである。したがって、発生の過程で頭蓋が分節的パターンを示すことはなく、それゆえに、進化的にもその祖先が椎骨のみからなるような骨格を持ち、頭蓋がまだ形をなしていなかったような段階は存在しないと、ハクスレーは結論づけたのである。1858年のことである（それはまた、奇しくもダーウィン、ウォレスが連名で自然選択説を発表した年でもあった）。

ここで、ハクスレーは2つのことを否定している。つまり、硬骨魚の頭蓋は発生上、椎骨からでき上がってくることはないということ、そして、硬骨魚の祖先もしたがって、椎骨だけから頭部ができていたことはあり得ない、ということである。このように結論を導くやり方が、進化と発生の間に平行性を見る反復説（次章に詳述する）の性質をよく物語っており、同時に、反復説的な論駁によって、「原型」という観念が放棄されていることを我々は目の当たりにするわけである。いわば、ハクスレーは、オーウェンを粉砕するついでに、図らずも、彼自身のアイドルともいうべきゲーテのそれをも含めた観念論的形態学に引導を渡すことになったのであった。

むろん、現代の発生学や進化系統学の常識からすれば、このような仮説や推論にはいくつかの短絡が見受けられる。しかし重要なのは、ハクスレーのこのときの結論が正しかったのか間違っていたのか、ということではなく、事実上このとき初めて、形態学が科学的議論の俎上に載せられたということなのである。そしてそれは、比較発生学の理論的基礎を築き、形態学研究に大きな影響を及ぼすことになる。同時に、ハクスレーは形態学的な原型が、科学的にどのような意味を持ち得るのか、可能な形で特定することにも成功しているとはいえまいか。観察者の思考の中に浮かび上がる「原型」というイメージは、何ら実体を伴ったものではない。それは理解のための良いアナロジーであるかもしれないが、それが真に意味するものを一向に指し示してはいない。事実上、それは動物や植物が発生の初期に成立させる、一次的な原基の配置や分節パターンのなす一般形態であるか、さもなければ、現在見る多様な動物、植物をすべて生み出した、系統特異的な特徴が得られる前の段階の共通祖先の状態であるしかない。

このような考察からあらためて、進化と発生の間に平行性を見るという、いわゆる「反復説」と総称される思考が、やはり「原型」という観念を産み出したドイツに芽吹いたことに気づくのである。ゲーテをして、この世に存在しないはずのイデア的植物を探し出そうとせしめ、止まなかった形態学者たちの前進化論的な衝動は、現代的視点からすれば、原型を進化的祖先として理解し、彼の理論の生き証人というべき「生きた化石」にその最も近い実在を見出そうという方針にも見てとることができる。それが自然哲学の活路であったなら、ゲーテの思考の中にも進化論が胚胎していたとの見方もできようか。いずれ、形態学は観念の中から発し、進化と発生をその科学的作法として変貌するよりなかった。時間とともに形が変容するというこの2つの現象に、同質の（あるいは共通の）運動を見る「反復」という思想は、まぎれもなく観念論ではなく、あくまで科学的思考の代表的な方針として登場してきたのである。

（注1）進化を認めずになお、地層から産出する、現在では存在しない動物の化石や、現在とは異なった過去の動物相を説明するために用いられた仮説。

第2章

形態学と進化

では、進化の中で生物の形はどのように変化してゆくのだろうか。すでに、キュヴィエによって示されたように、動物の形はてんで好き勝手に変化するわけではなく、常にいくつかの（たかだか可算個の）「型」にはまり、しかも、異なった「型」と「型」の間にも、一部共通した要素があったりする。それが、動物群の進化系統的関係を示唆しているのである。ならば、それは多かれ少なかれ共通した発生プロセスによってもたらされるのであろう。形態進化とそれがもたらす動物の分類関係は、一面、発生プログラムの変化の仕方を反映したものであるはずだ。興味深いことに、研究者が分類関係の中に階層を見るように、発生や形態的構築の中にも階層が現れる。それを関係づける試みは、いまでも大きな課題として我々の目の前にある。それを理解するのが本章の目的である。

動物多様性の「整理」の仕方

すでに述べたように、動物の形態的「型」を構成する要素の中でも、「軸」や「極性」はきわめて基本的なものである。つまり、ボディプランを理解する上での最重要のポイントである。すでに述べたように、クラゲやクシクラゲの体には、放射相称の体を貫くひとつの軸しかないように見える。これらの動物では口と肛門が分離せず、ひとつの共通の穴としてクラゲの体の中央、下方に相当する部位に開いている。

これが左右相称動物になると、背と腹を貫く極性の軸、前から後ろへ向かう軸が明瞭になる。このうち、前後軸はクラゲの上下を分かつ軸と似ているかもしれない。左右相称動物はさらに昆虫や環形動物を含む前口《ぜんこう》動物と、脊椎動物を含む後口《こうこう》動物に分けられる（これらの定義は後述する）。このうち、前口動物においては、中枢神経系が体の腹側を走り、消化管が背側にある。これとは逆に、我々脊椎動物を含む後口動物では、中枢神経が背側に、消化管が腹側に見出される。

このような多様な動物の「整理」の仕方が、分類学の最初であり、それはきわめて解剖学的なものであった。それは、とりあえず多種多様なものから、規則を決めてそれに従って「分ける」ということに他ならない。しかし、そこに階層らしきものが見えはじめる。おおまかな分類群を定め、そこにいる動物を眺めると、さらにそれらを分けるためのいくつかの指標が見えはじめる。「節のある動物」という指標でもって節足動物だけをかき集めても、その中にふたたび「脚を6本持つ昆虫」という新たなまとまりが見えてくるのと同じである。キュヴィエはこのような階層的関係を権威づけることに留まったが、ジョフロワはさらに動物門すべてをつなぐ大きな階層を見ようとしたわけである。いずれにしても、ここまでは「いま目の前に見えるものをどのように整理するか」という問題でしかない。しかし、分類関係に見るこの階層の中に、時間的尺度が隠れているとしたらどうだろうか。実際、それが進化なのである。

進化と発生の切っても切れない関係

このような、動物の解剖学的構築、すなわちボディプランの進化的関係は、発生過程の中にも見ることができる。たとえば、動物の体を構築するにはさまざまな種類の細胞、すなわち、筋繊維（筋芽細胞よりなる）、神経細胞、軟骨細胞などが必要になる。このような、特定の機能と形態を伴った細胞の区別を「細胞型」というが、これは卵細胞からそれぞれ一直線に分化してくるものではなく、とりあえずいくつかのグループに分けられてから徐々に、階層的に起ることが知られている。その最初の仕分けが「胚葉《はいよう》」の成立なのである。

「胚葉」とは、初期胚の中でシート状をなした細胞群の集団で、クラゲなどの放射相称の動物では、これが2種類、つまり表皮や神経系をつくる「外胚葉」と、消化管上皮を形成する「内胚葉」しかないとされる（図15）。そして、外胚葉からつくられるいくつかの特定の細胞型が決まっているように、内胚葉からつくられる細胞型のレパートリーも決められている。したがって、胚葉がどのように胚の体を構成しているかということが、ひいては成体のどこにどのような細胞型が生じるか、つまり動物の解剖学的構築の第一歩となっているのである。

外胚葉と内胚葉はさらに、放射相称動物のような原始的な動物にも存在しているために、進化的に起源が古いという意味で、「一次胚葉」と呼ばれることがある。これに対して、「二次胚葉」とでも呼ぶべきものが、左右相称動物に現れる「中胚葉」である。中胚葉は多くの動物において間充織《かんじゅうしき》や骨格、血液、筋など、体の内部に見られる組織の多くや、「体腔《たいくう》」という、体の中の「袋」をつくり出して、動物体に運動性や形を与えているのである。このように、動物門を越えて共有されるパターンを探そうとすると、それは発生途上の胚の中に見出される。逆に、動物門ごとにこれだけ異なった形を持つにもかかわらず、比較可能な同じ胚組織（胚葉）

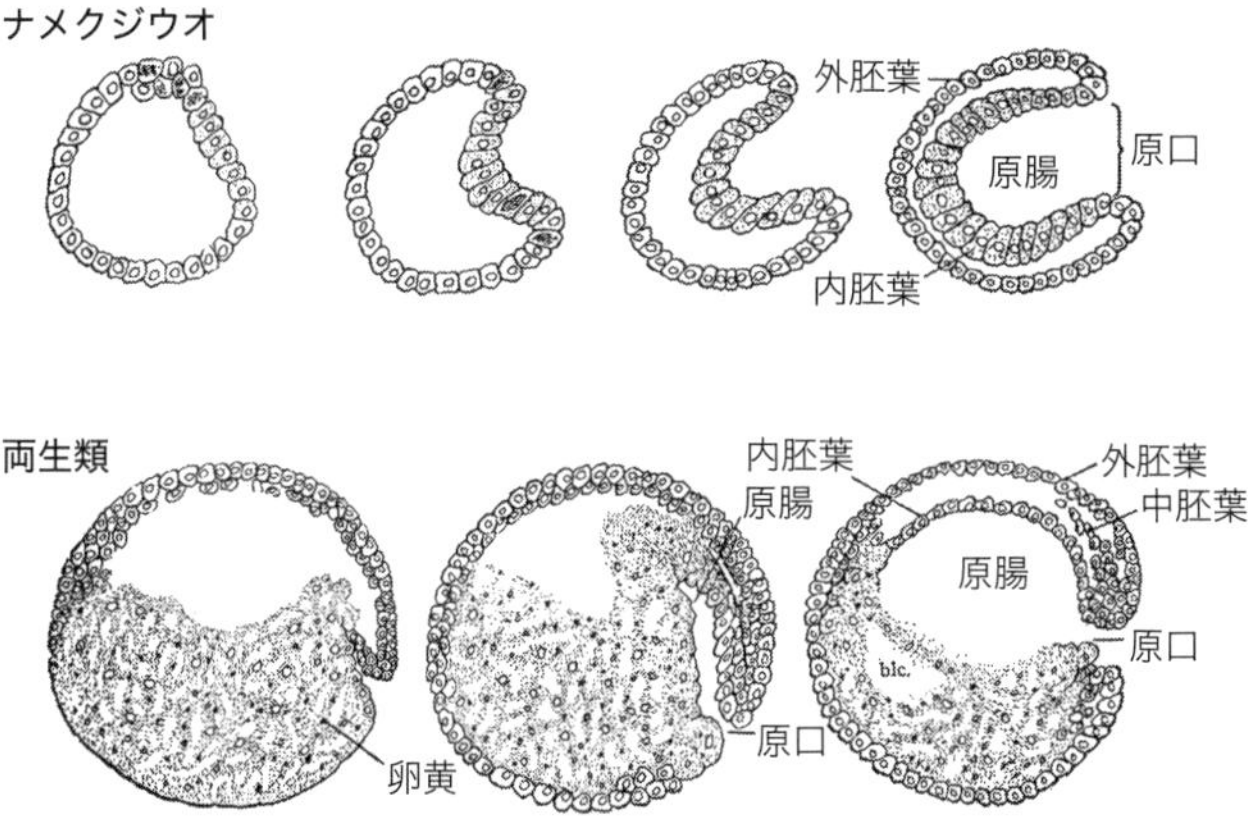

図 15　ナメクジウオと両生類の初期発生を比べる．多くの動物の胚は外胚葉，中胚葉，内胚葉という３つの胚葉を持つ．ナメクジウオも中胚葉を持つが，図示した段階ではまだそれはできていない．脊椎動物の胚では，内胚葉からなる原腸《げんちょう》と中胚葉がほぼ同時期に出現する．内胚葉が形成する管がのちの消化管になる部分であり，これが原腸と呼ばれる．

をいまでも共有しているということは驚くべきことではなかろうか。

すべての左右相称動物は、前後軸と3種の胚葉という特徴を共有し、しかもその前後軸上に頭部と尾部の差をつくり出すホックス（*Hox*）遺伝子の機能も保存されていることが知られている。つまり、動物を通じて同じ遺伝子が体の前と後ろを定義しているのである。さらに、そのような左右相称動物の基本的成り立ちを発生上成立させるためには、特定のセットの制御遺伝子群（ホックス遺伝子もその一群である）が必要であるといわれ、そのようなセットを含んだゲノムの内容は、前口動物でも脊椎動物以外の後口動物でも、よく似ているという考え方がある（脊椎動物においては、2回のゲノム重複の結果、同じセットの遺伝子群が4つずつ存在しており、さらに脊椎動物内部のいくつかの系統でさらなるゲノム重複が検出されているのである）。つまり、ハエとナメクジウオをつくるには、基本的に同じセットの胚の素材（胚葉とそこから分化する細胞型）と、同じセットの遺伝子群が必要だということなのである。とりわけ、ホックス遺伝子群やいくつかの遺伝子の発生上の発現領域と機能は左右相称動物を通じて類似しており、そのためにこのホックス遺伝子群の発現パターンに代表される保守的な発現を、「(左右相称）動物であることの証《あかし》である」という意味を込めて「ズータイプ」と呼んでいたことがある。

分類学と形態発生

このように見ていくと、進化とともにボディプランがさまざまに変化し、ひとつの変化を足がかりに次の変化が起こり、動物の多様な形が生まれてきたことがわかる。そして、ボディプランの基本的なパターンをつくり上げるのが、発生プロセスの中に見ることのできるいくつかの明瞭なパターン形成運動なのであるから、まことに「進化は発生プロセスの変化によって突き動かされてきた」ように見えるのである。そしてそれはまぎれもない事実である。

そればかりでなく、新しい形態形成運動は、動物の体に新しい軸をつくり出し、新しい極性（背腹の違い）をもたらし、結果として動物ごとに異なった解剖学的な基本構築が得られていくことになる。ならば、動物の解剖学的な成り立ちでもって定義された「動物門」の進化は、それ自体が発生プログラムの大きな変化の結果であるといえることになる。そして、それは変化の積み重ねなのであるから、いくつかの「門」に分けるだけでなく、それを進化の序列に従って並べることもできるのではないか。そしてさらには、動物の発生過程を見ることによって、ボディプランが変化してきた系列、つまり動物門の進化の歴史を知ることができるのではないか。ならば、動物門に引き続く、「綱《こう》」、「目《もく》」、「科」、「属」という分類学のランクは、この変化、多様化していく樹木の枝分かれの階層的構造と同じものなのではないのか（これは、まさしくヘッケルの盟友にして比較言語学者であったシュライヒャーが夢想したことであった)。つまりひと言でいうなら、「個体発生過程の中に進化の歴史は凝集しているのではないか」と学者たちが考えるのはきわめて自然な成り行きであった。次に見る「反復」という考えは、まさにそのような想像から生まれてきた考え方だったのである。

反復

しばしばいわれるように、発生も進化も、時間軸に沿って形態パターンが複雑化、組織化されていく過程であり、両者の間に何らかの平行性を見出すのは、人間にとってごく自然な発想である。したがって、この平行性に似た思想をすべて広義の「反復説」に含め、その歴史的起源と発展、消長を概説するとなると、それは大変な作業になる。それでも、形の進化をめぐる歴史の中で、反復説を扱うのであれば、少なくともそこに3つの明瞭な段階を見るのが可能であろう。

その第1は進化論以前の時代、18世紀後半ドイツの解剖学者、ヨハン・フリードリッヒ・メッケルに代表されるもので、動物のボディプランの階層と、化石の産出する地層の階層、そして動物の胚発生の各段階の間に平行性を見出す考え方である。つまり、体制の程度の低い、いわゆる「下等な」動物から、「高等な」動物へと並べる系列をつくると、それは個体発生過程のアナロジーになるというのである。むろん、「高等」とか「下等」といった評価は、人間の主観や価値観に大きく頼った、不正確な概念でしかない。少なくともそれを生物学的に比較する方法はない。続く、第2期の反復説は、面白いことに「第1期反復説の否定」という形を取ったものである。そして、それが比較発生学に科学的な命を吹き込む起爆剤をうちに秘めていたのである。

フォン・ベーア——原型と胚

第2期の中心人物は、ドイツの比較発生学者、カール・エルンスト・フォン・ベーア（1792〜1876年）であった。発生学者としてのベーアの特質は、なんといってもその観察眼にある。彼は、前述のメッケルの弟子にあたる人物だが、むしろ心情的には失意のうちにサンクトペテルブルグでその生涯を閉じた稀代の発生学者、ウォルフに大きく影響されていたといってよい。その独自の観察から当時信じられていた「前成説《ぜんせいせつ》（プレフォーメーション）」を否定し、結果としてドイツを去ることになった学者、ウォルフの残したラテン語による論文を再発見したのがまずメッケルであった。そしてメッケルは、この論文の重要性を看破し、弟子のベーアにそれをドイツ語に翻訳するよう指導した。「最初から卵の中にある形のひな形が、そのまま大きくなることによって親ができる」という従来の前成説に対し、むしろ「何もないところからパターンが新しく生まれ出てくる」と説く「後成説《こうせいせつ》（エピジェネシス）」を世に問うたこの革命的論文を読み、ベーアは既存の学説を盲目的に信じる前に、実物を自分の眼で観察することの重要性を学んだのであるという。興味深いことに、発生学の歴史は長らく前成説を中心に動いてきたが、エピジェネシスを唱える学者が現れるたびに世の中が大きく変わる傾向がある。広い意味では、先に述べたジョフロワもまたそのひとりであった。

文字どおり自分の眼でさまざまな動物の胚発生を観察したベーアは１８２８年、胚の形が祖先動物の（成体の）系列に似るということなどはまったくなく、むしろ、胚発生の途中で異なった動物の胚の形態が互いにそっくりになるということを見出した。とりわけ、哺乳類や爬虫類、鳥類など、いわゆる羊膜類として一括される動物の、「咽頭胚期《いんとうはいき》」（ニワトリ胚では産卵後3、4日目ぐらい、ヒト胚では3週から4週目ぐらいの時期にあたる）と呼ばれる時期の胚には、頭部に魚類のエラと同等の原基（これを咽頭弓《いんとうきゅう》という）がいくつか現れ、顔面を形成する一定の突起や、背骨や骨格筋をつくることになる中胚葉の分節構造（これを体節《たいせつ》という）、四肢の原基である「肢芽《しが》」の様子など、いったいどれがどの動物の胚であるかわからなくなるほど互いによく似ていると記している（図16）。そして、これよりさらに発生が進むと、それが

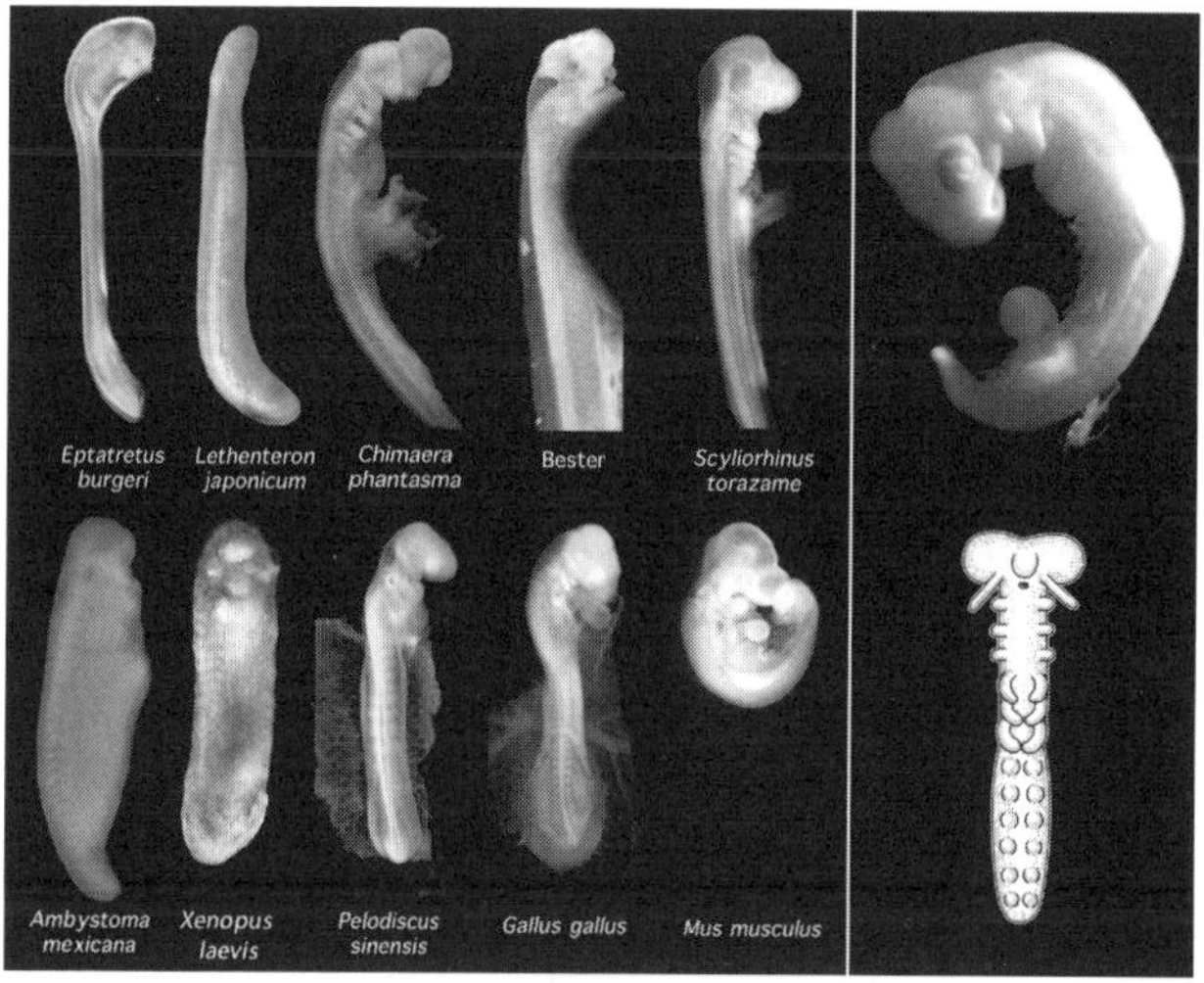

図 16　脊椎動物の咽頭胚．左上段：左から，ヌタウナギ（円口類），カワヤツメ（円口類），ギンザメ（軟骨魚類全頭類），チョウザメ（硬骨魚類軟質類），トラザメ（軟骨魚類板鰓《ばんさい》類）．左下段：左から，アホロートル（有尾両生類），アフリカツメガエル（無尾両生類），スッポン（カメ類），ニワトリ（鳥類），マウス（哺乳類）．とりわけ，羊膜類（爬虫類，鳥類，哺乳類）の咽頭胚の間の類似性が著しい．右：脊椎動物（上：スッポン後期咽頭胚）と昆虫（下：総尾目の胚帯期後期）に見るファイロタイプ（ファイロティピック段階にある胚の形態パターン）．

爬虫類のものなのか、哺乳類のものであるのかが明らかとなり、それ以上の分類学的細分を可能にするためにはまたさらに発生を進めなければならない。つまり、胚発生は決して動物の系列を繰り返したりはしない。

また、胚の形は初期であればあるほど互いによく似る、というのでもない。初期の胚の形はもっぱら受精卵の卵黄の量に依存し、動物群ごとに大きく様相が異なるものである。むしろ、胚の形が似てくるのは発生中期あたりであり、その時期、その動物が属する大きな分類群を定義するような、最も一般的な特徴がまず出揃い、それに引き続いて、より特殊な特徴がしだいに現れてくる。言い換えれば、動物の発生は、原型が胚に成立して以降、徐々に特殊な形質が明らかになり、分類体系の入れ子関係をなぞるような形で進行すると、ベーアは述べたのである（図17）。このような発生のイメージを視覚化すると、動物の胚発生は、そのプロセスの中期に最も変異の度合いが減じる、いわば「砂時計」のような様相を呈することになる（図18）。このくびれの段階を、「ファイロティピック段階」という。ファイロタイプという語は動物門を意味する「Phylum」に由来する。

分類体系や動物の進化系統樹は互いに相補的な関係にあり、分類群（タクサ）の入れ子関係

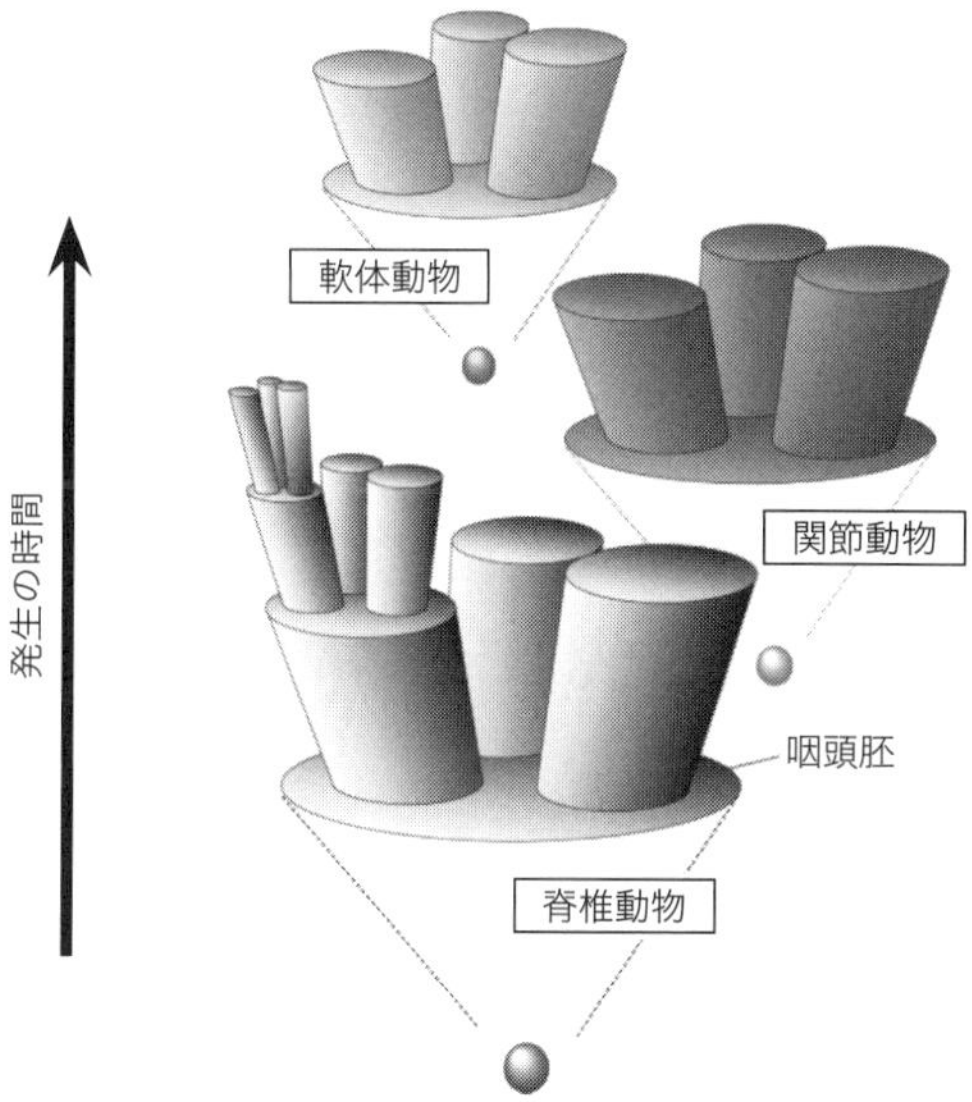

図17　ベーアの認識した動物の発生．まず，その動物の属する動物門に一般的な形質が原型的ステージにおいて現れ，続いて分類群の絞り込みを行うように，特殊な形質の発現が続く．

をなぞるということはすなわち、進化の系統樹をたどっていくことと同義となるのだが（図19）、反進化論者のキュヴィエを信奉するベーアはそうは考えなかった。むしろ、それは多様な動物をまとめ上げる分類体系に付随する入れ子構造、つまり生物多様性の中に見ることのできる階層の序列そのものでしかなく、それに従った秩序正しい発生上のタイムテーブルがあると論じたのである。しかも、すべての脊椎動物胚が互いに最もよく似る咽頭胚期は、ベーアによれば、キュヴィエいうところ

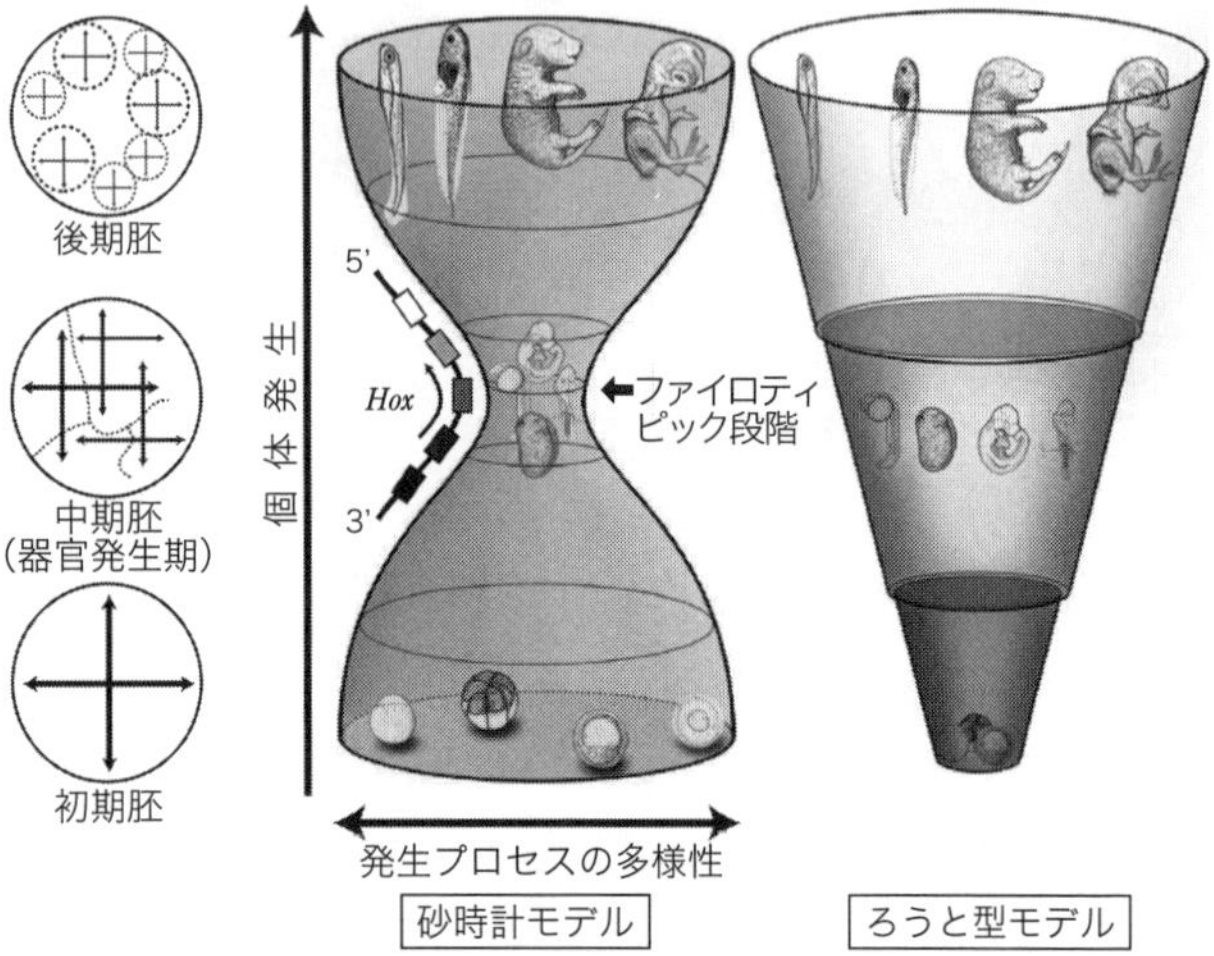

図18　砂時計モデルとろうと型モデル．砂時計モデルでは，動物の発生はファイロティピック段階において胚形態が保守的なパターンに収まり，多様性が最も減じ，ホックスコードが明瞭に現れる．対して，初期発生過程と成体の形態は，系統ごとに多様化している．左側にはそれぞれの発生段階において生じている胚体中の相互作用を示す．中期の器官発生期においては大局的な相互作用が多数生じていて，変更の効かない段階になっていることを示す．この砂時計のような個体発生パターンを最初に認識したのはベーアであった．右に示したろうと型モデルでは，動物胚の相違が胚発生の時間とともに増大し，発生の早期であればあるほど胚が互いに似るとされる．

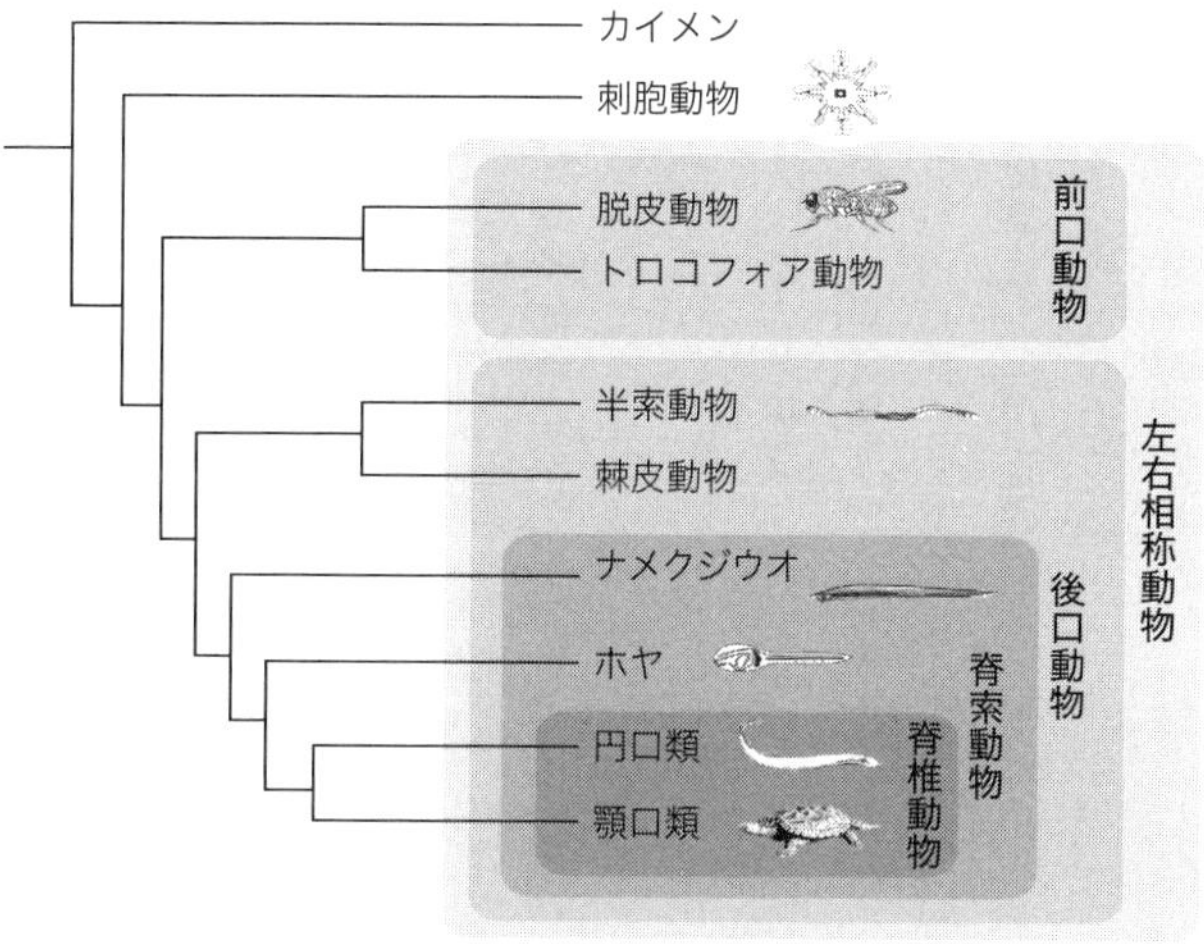

図 19　分類群の入れ子関係と系統分岐の序列.

の「枝分かれ」に共有される「原型」に相当するのであり、脊椎動物には脊椎動物の原型が、軟体動物には軟体動物の原型が、節足動物には節足動物の原型が、胚発生の特定の時期にそれぞれ現れ、ひとつの「枝分かれ」に付随した原型は、他の「枝分かれ」に付随する原型とまったく似ておらず、それらは互いにいっさい関わりを持つことはない。そしてその原型に続いて、各々の「枝分かれ」に含まれる、より小さな分類群を特徴づける形質が現れるのであると。つまり、ベーアの学説は、進化を反映した、枝分かれする動物の各系統ではなく、入れ子式の分類学（「脊椎動物」の中に「哺乳類」があり、「哺乳類」の中に「霊長類」があり、そして「霊長類」の中にヒトが位置するような階層的分類）と完全に軌を一にしていたのである。ただし、それでもベーアは、原型の成立に先立つ、発生のごく初期には、すべての動物に共通する、より原初のパターンが現れる可能性もあると、あたかもジョフロワを思わせるような発言も残している。

興味深いのは、本来観念的形象であったはずの「原型」という言葉を使いながら、ベーアが明瞭に具体的な胚の形にそれを用いていたということである。観念形態学の哲学に影響され、生涯のほとんどにわたって細胞説も信じず、進化も認めず、キュヴィエ流の分類学に従ったベーアは、同時に胚発生を当時最もよく観察し、実証主義の重要性を認識していた学者でもあった。この稀有な人物の見出した、種を越えて保存された胚形態の類似性は、現在でも「ファイロタイプ」の名で認識され、胚発生においてこの保守的パターンが現れる時期は「ファイロティピック段階」と呼ばれている（後述、図17、18参照）。脊椎動物に「咽頭胚」があるように、節足動物においても「胚帯期」と呼ばれる段階が存在し、そこでは節足動物を特徴づける分節のパターンや、そこに付随した附属肢の原基が明瞭に現れはじめる。ここでも確かに胚の形には理想化され、一般化された節足動物の形象が具現化しているかのような印象がある。

また、ベーアが動物胚の中に見出した「3胚葉」も、進化形態学的には重要な意義を持って

図20　胚葉説．相同な形質は同じ胚葉に由来すると述べたもの．脊椎動物の胚はすべて，外胚葉，中胚葉，内胚葉という３つの細胞のシートに由来する．これは白黒写真なのでわかりにくいが，同じ胚葉に由来する構造はすべて同じ色で塗られている．ただし，いまでは誤りだとわかっていることも多く含まれている．

いる（図20）。彼はこの発見をもとに、世にいう「胚葉説」という考えを打ち出した。これはすでに述べたように、動物初期胚が最初につくり出す3種の膜状の胚葉（内胚葉、外胚葉、中胚葉）を基本として構成され、特定の構造が常に同じ胚葉に由来するはずだという考え方である。つまり、形態学的な相同性は、胚葉という胚発生パターンに帰着される（＝還元される）というのである。最初に断っておくと、これが当てはまる例は確かに多い。しかし、だからといってこれが法則として成り立つかといえば、そういうわけでもない。いくつもの例外的現象が知られている。さらに、当時ベーアによって「胚葉」と呼ばれていた構造は、現在の教科書が教えている胚葉と同じものではない。中胚葉の葉裂《ようれつ》（＝最初一層をなしていた細胞群に裂け目が生じ、腔所をつくり出すこと）や体腔《たいくう》（＝中胚葉の袋によって囲まれた、体の中の腔所）の形成、さらには脱上皮化（＝シート状をなしていた細胞がバラバラの状態になること）などの現象により、当時の観察方法では胚葉の同定は困難を極めていたのである。

最初に成立した3胚葉がどのような変遷をたどり、さまざまな器官や細胞型がどの胚葉からどのように形成されてくるのかをはっきりさせるためには、（20世紀になって初めて可能となる）さらなる実験発生学的な解析と、それに必要な技術の革新を待たねばならなかった。したがって、ベーアのこの理論の真偽をここで評価してもはじまらない。が、それを抜きにしてもこの考えには重要な発想の転換を見てとることができる。すなわち、それまで、「型」の共有によって同じ相対的位置を占め、そのために相同と呼ばれていた構造の同一性、あるいはその同一性をもたらしているものの正体が、このとき初めて発生学的な形態形成機構の保守性や細胞系譜の保守性へと還元されるきざしを見せたからである。すなわち、胚葉説における「胚葉」とは、形態形成現象におけるさまざまな現象のうち、最も基礎的なものを代表していたといってあながち過言ではない。現代的にいえば、そこには胚葉にとどまらず、胚葉の中の特定の部分に端を発する細胞系譜、発生分化を制御する細胞間、組織間に生じる相互作用、その作用に関わる発生制御遺伝子群や、その織り成すシグナル伝達経路、遺伝子制御のネットワーク、特定の細胞型を特徴づける一定の遺伝子発現プロファイル、なども含められるのかもしれない。かつては、観察者の形態認識能力や、経験、それのつくり出す観念的形象でしか語ることのできなかった形態学的相同性という概念が、発生学的現象や、遺伝子に見る進化的同一性に還元されるきざし（あくまで楽観的な）がこのとき初めて明らかになったように筆者には見えるのである。ただし、その方針は常に正しいとは限らない。本書の扱う大きな問題のひとつであるこの相同性の正体については、後に引き続いて扱っていくことにする。

ヘッケル

ベーアが観念論的自然哲学と科学的生物学の狭間を生きた、特異点的人物であったとするなら、エルンスト・ヘッケル（1834〜1919年）こそは「時代の申し子」ということができる。若い頃にダーウィンの『種の起源』に触れ、同時に観念形態学の歴史にも造詣の深かったヘッケルは、旧東ドイツイェナの地で、盟友の比較解剖学者、カール・ゲーゲンバウアー（1826〜1903年）とともに、系統進化のコンセプトに従った形態学、解剖学研究を通じて新しい生物の系統進化を秩序立てる試みを開始した。かつて、観念でしかなかった形態学の枠組みを、進化理論によって再構築し、新しい進化形態学を創始したのである。ゲーゲンバウアーも、進化を取り入れた初めての本格的な比較形態学書を上梓することになる。

ヘッケルが明瞭に反復説の基本を述べたのは1866年のことであり、そのとき彼は「個体発生とは、系統発生（進化）の短縮されたすばやい反復である」と述べている。ただし、ここでヘッケルは、動物の胚が（第1期の反復説論者たちのいっていたように）祖先の成体に似るというのではなく、胚発生の経過が系統進化の道筋をたどるといっているのである。したがって、脊椎動物の胚がファイロタイプを示す咽頭胚期にさしかかった頃は、それが進化の過程で脊椎動物の共通祖先が成立した頃を示唆しているはずなのであり、さらに羊膜類の祖先から哺乳類と爬虫類の祖先が分岐する頃に相当する時期まで、爬虫類と哺乳類の発生プロセスは共通するであろう。このように、進化を分岐の繰り返しとして捉えたダーウィンに倣い、動物の系統関係を初めて明瞭な樹形として図示した最初がヘッケルであり（図21）、それは動物の系統関係を示すと同時に、彼にとっては個体発生の道筋をも示すものだったのである。

このことからわかるように、個体発生に関するベーアとヘッケルの見方はきわめてよく似て

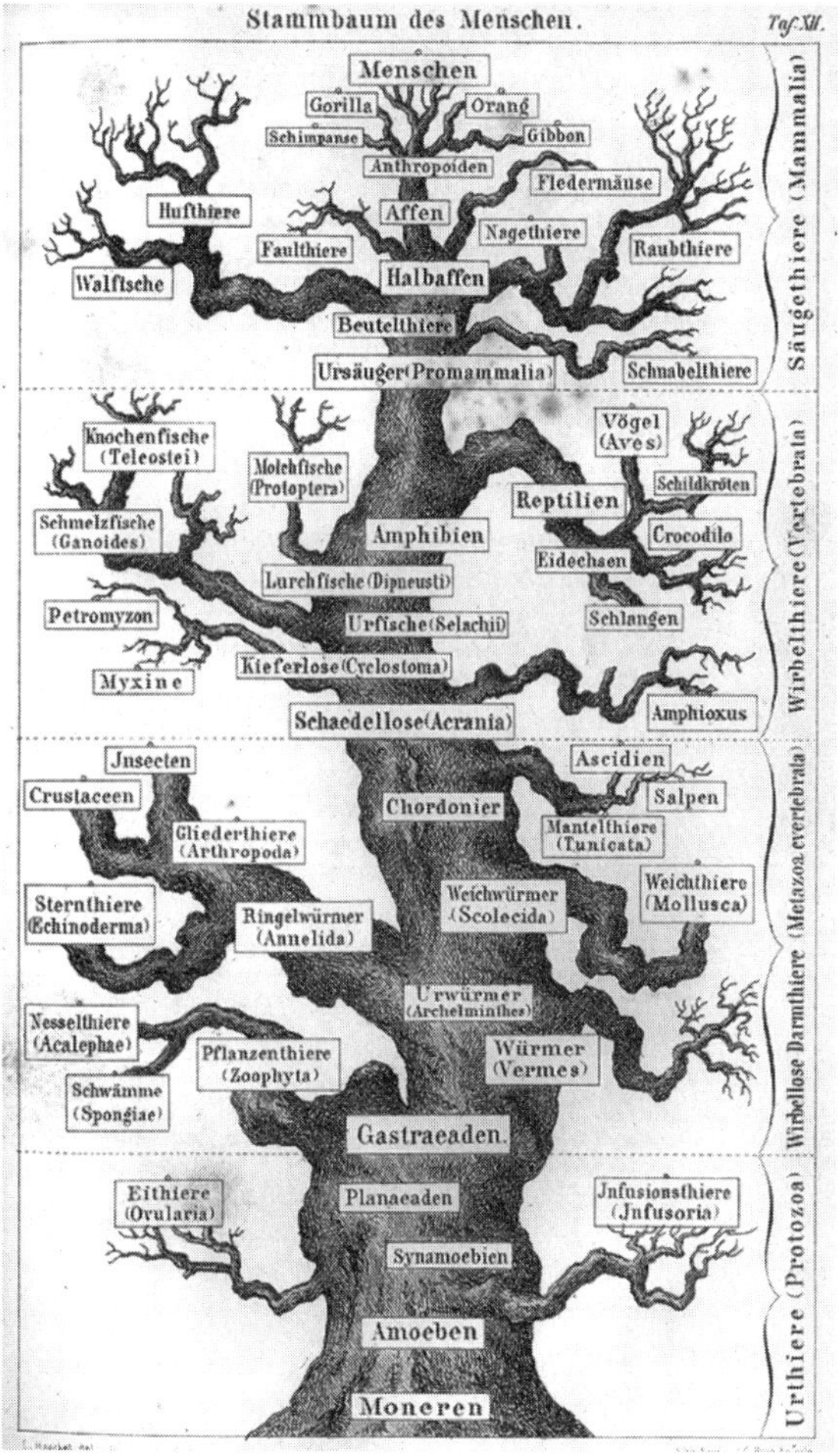

図 21　ヘッケルの進化系統樹．ここで動物の進化は分岐として示されているが，段階的進化観も明らかであり，ヒト（Menschen）が最上位に置かれている．

いる。ベーアが用いていたような（現代の我々もそうだが）入れ子状の分類体系は、樹形の系統関係に描き換えることができる。であるから、ベーアが分類の入れ子を降りて行くものとしてなぞらえた発生過程は、ヘッケルの系統樹においては、進化を下って行く、進化的な時間経過になるわけである。進化を忘れて胚発生過程を分類学的形質の出現の序列と見るか、進化的時間に沿って系統関係の分岐の序列を胚発生プロセスに見るかの違いがそこにあるだけで、胚発生過程に見る平行性を認識するやり方は、このふたりの学者の間ではきわめてよく似ているのである。いわば、ベーアの理解に進化論という時間の理論を吹き込めば、それはヘッケルの反復説ときわめて近いものとなる。

ただし、ヘッケルの胚形態の認識は、きわめて意図的に抽象化され、単純化されることが多かった（図22）。当時観察されたことのないヒトの初期胚を、あたかも見てきたかのように図示したり、ニワトリと哺乳類の初期胚を同じ木版で印刷したこともある。このような行き過ぎた行為がヘッケルの評価を不当におとしめており、その傾向は英米で著しいが、ただ行き過ぎたヘッケルのキャンペーン戦略のみを以て「反復説は誤り」と退けてしまうと、おそらく失うものはきわめて大きい。何よりも、ヘッケル以前から、さらには『種の起源』以前から（すでにハクスレーに見たように）、発生過程を進化的変化の系列になぞらえる傾向はすでに醸成さ

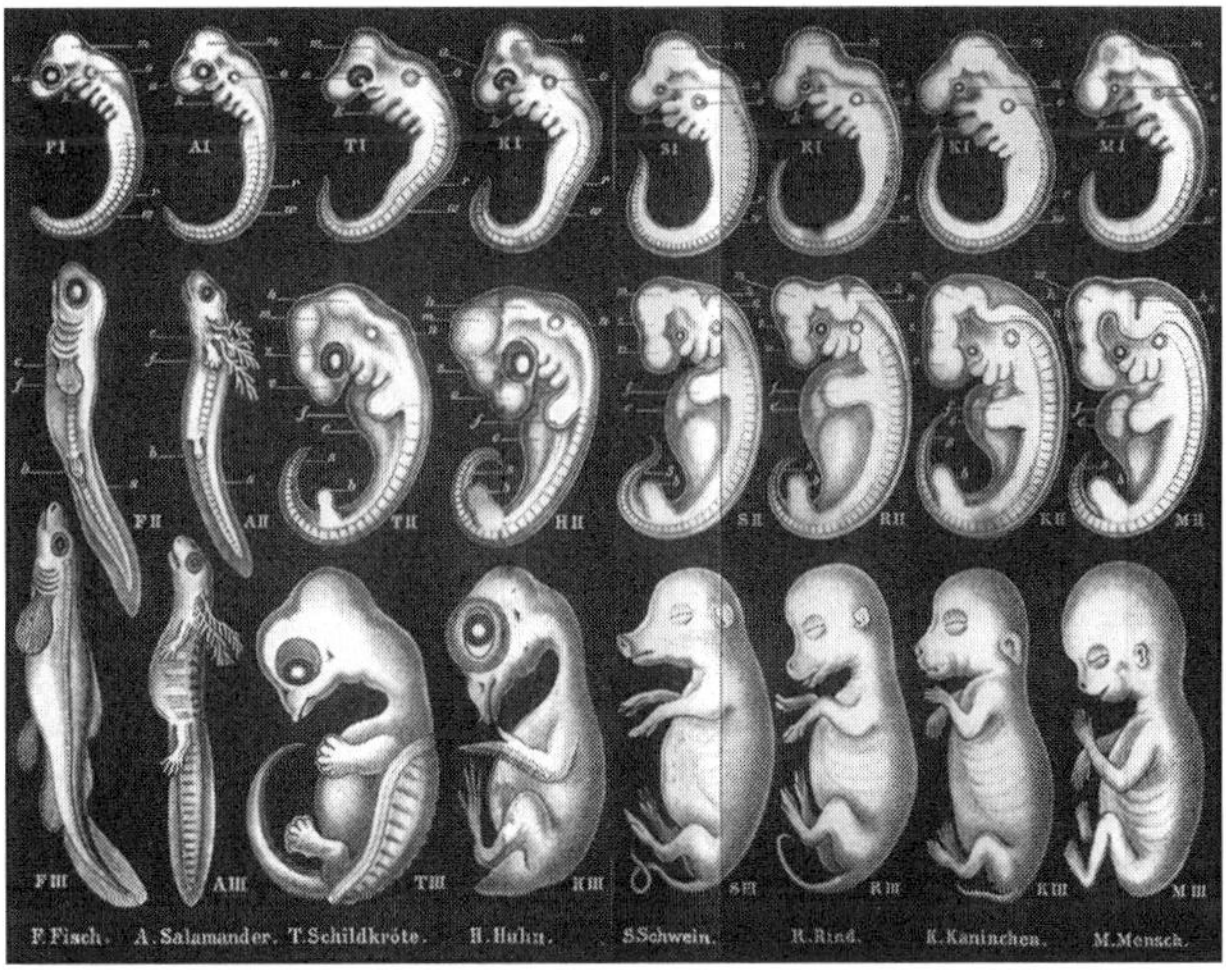

図22　ヘッケルが『人類創成史』において示した胚発生の比較．左から，硬骨魚，サンショウウオ，カメ類，ニワトリ，ブタ，ウシ，イヌ，ヒトの発生過程が描かれている．脊椎動物におけるファイロティピック段階に相当する咽頭胚期（上２段．上段は初期咽頭胚で，この頃が最も互いによく似ているとヘッケルはいう）の胚形態が，実際にはあり得ないほど類似したものとして描かれているとしばしば指摘された．図15と比較するとそのことがよくわかる．

れていたのである。反復説が形態学的観念を科学的議論へと導く「よすが」としてあったというのであれば、反復説の科学的吟味がそれに続くべきであろう。

実は、ヘッケルの持っていた進化史観の中で、反復説はほんの小さな一部分を占めているにすぎない。そして、ヘッケル自身が反復説を用いたこともきわめて少なく、それに比べれば、ハクスレーが頭蓋骨椎骨説の粉砕に用いた理論づけのほうが、はるかに我々の中にある反復説のイメージに近い。ヘッケル本人は、反復説をそれほど研究に活用していないのだ。それは、スティーヴン・J・グールドがその著書、『個体発生と系統発生』（工作舎、１９８７年）の中で指摘しているとおりである。

まず、ヘッケルが反復説を用いた例のひとつは、卵の受精と接合核の成立に関するものである。現代の我々は、受精の本質が、精子核と卵核の融合にあるということを常識として知っているが、このことを初めて明らかにしたのは、ヘッケルの弟子のオスカー・ヘルトヴィッヒであった。しかし、師匠のヘッケルはというと、受精にあって核の物質と細胞質が一時的に混沌とした「アマルガム」のような状態になり、その中からあらためて接合核が再構成されると説いたのであった。なぜそのようなややこしいこと（しかもそれは誤謬である）をヘッケルが考えなければならなかったのかといえば、彼は受精に続く細胞核成立の過程に、原核細胞から真核細胞への進化過程をなぞらえようとしたからなのであった。ベーアが明らかにしたファイロタイプに先立って、さらに深い進化の歴史が発生過程の中に潜んでいると考えたのが、ヘッケルとベーアの大きな違いのひとつである。それが典型的に現れた例がこの推論に見えている。

もうひとつの例は、むしろヘッケルの快挙というべきかもしれない。すなわち、脊椎動物の仮想的祖先として、彼は2胚葉しか持たない刺胞《しほう》動物（クラゲやイソギンチャクの仲間）を選んだのである。これは、外胚葉と内胚葉だけでできているような動物であって、中胚葉がまだ存在していないような段階のものである。つまり、胚葉の数からして、脊椎動物や昆虫よりもかなり低い段階にあると考えることができる。このような動物の体は、外側が外胚葉に由来した表皮に覆われ、体の1か所に単一の口（肛門を兼ねる）が開き、そこから折れ込んだ上皮が内胚葉（消化管の壁）となって、外胚葉の裏打ちをしているわけである（図24参照）。そしてヘッケルは、脊椎動物の発生過程にこのような段階があると考えたのである。

が、残念ながら厳密にいえば、脊椎動物の胚発生においては、そのような2胚葉段階は存在しない。脊椎動物においても、細胞のシートが折れ込んで内胚葉をつくっていく「原腸陥入《げんちょうかんにゅう》」

と呼ばれる現象はあり、そのとき内胚葉によってできた未分化な消化管を「原腸」というが、このときすでに中胚葉の形成は起こりつつあるのだ。つまり、「原腸胚」と呼ばれるこの頃の段階の脊椎動物胚は、基本的ボディプランのレベルではクラゲよりも複雑なパターンを示している。しかも、脊椎動物胚にはこのとき、明確に背側と腹側が区別されている。その一環として中枢神経の原基、「神経板」(背側にできる)が明瞭に現れているために、脊椎動物の胚はクラゲやイソギンチャクのボディプランよりもさらに複雑なものになってしまっているように見える。しかし、である。ナメクジウオの原腸胚においては、クラゲに見るような2胚葉的段階を思わせる状態が確かに一瞬成立するのである(図15の上右)。そして、そのあとで背側に脊索と、神経板と、中胚葉がひと足遅れで現れてくる(図23)。

「ナメクジウオは脊椎動物ではない」と指摘する読者もいるかもしれない。現代の分類学では確かにそのとおりである。しかしヘッケルにしてみれば、ナメクジウオは十分に脊椎動物だったのだ。1866年、アレクサンデル・コワレフスキーがナメクジウオと脊椎動物の体制の類似性に注目して以来、ヘッケルはナメクジウオを脊椎動物に分類し、注目していたので、「ナメクジウオが説明できれば、脊椎動物を説明したことと同じになる」と彼は考えていたのであった。ヘッケルに続く多くの比較形態学者が、脊椎動物の起源を説明するうえで、扁形《へんけい》動物

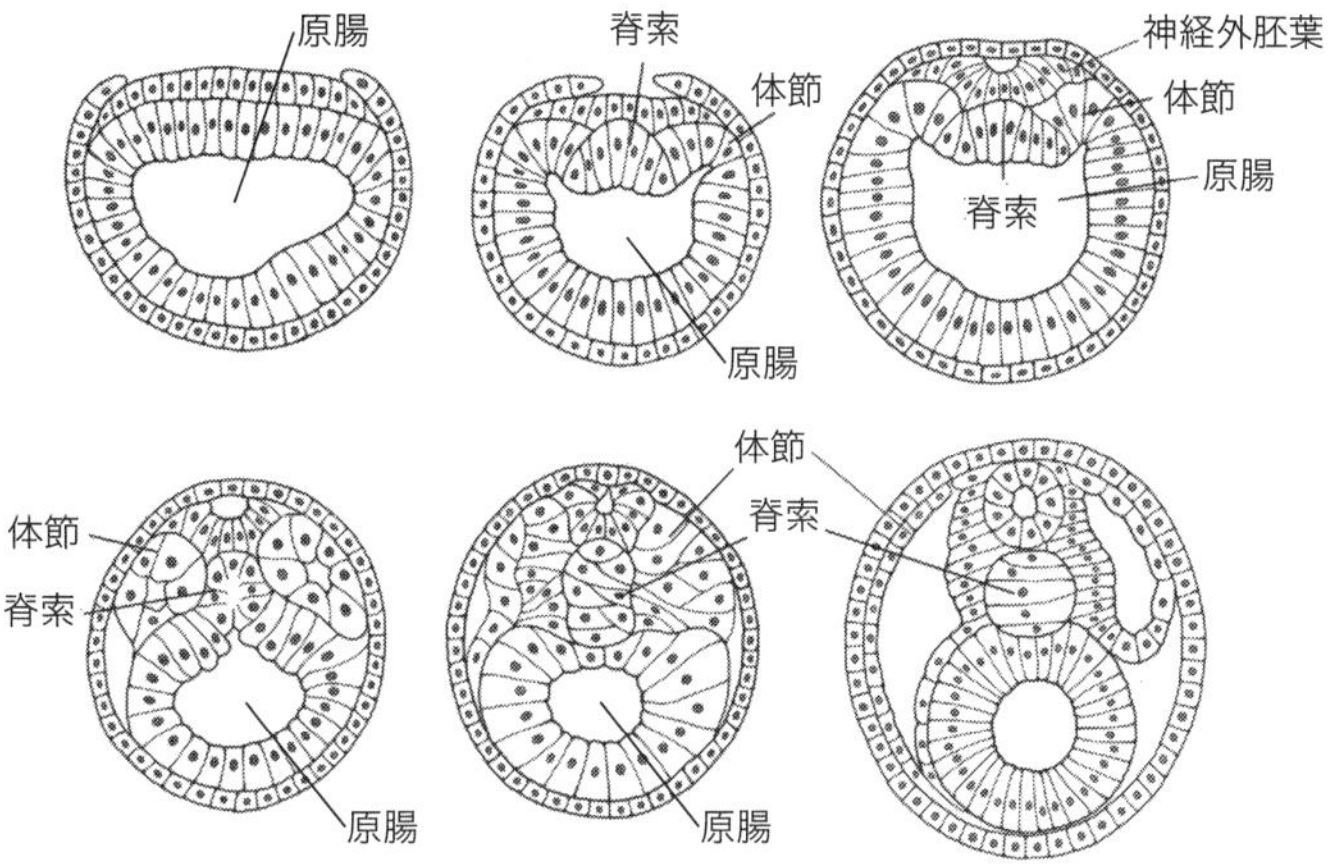

図 23　ナメクジウオの発生.

や、環形動物、あるいはヒモムシや節足動物まで持ち出していたのとは対照的に、ヘッケルは前後軸さえ成立していない刺胞動物から、一気に脊椎動物（現代的には、より正確に脊索動物と呼ぶべきだが）を導き出したのである。ちなみに、現在の分子系統学的理解においては、脊椎動物を含む後口動物の系統は、その他の左右相称動物を祖先として持つことがなかったと一般的に認められている。したがって、ヘッケルのこのような脊椎動物の起源の理解は、必ずしも的外れなものではなかったのである。

さらにヘッケルは、すべての多細胞動物を導いた原始的な祖先として、前述のような2胚葉段階の動物（それは、繊毛《せんもう》上皮に覆われ、それで遊泳することができた）を考え、それを「ガ

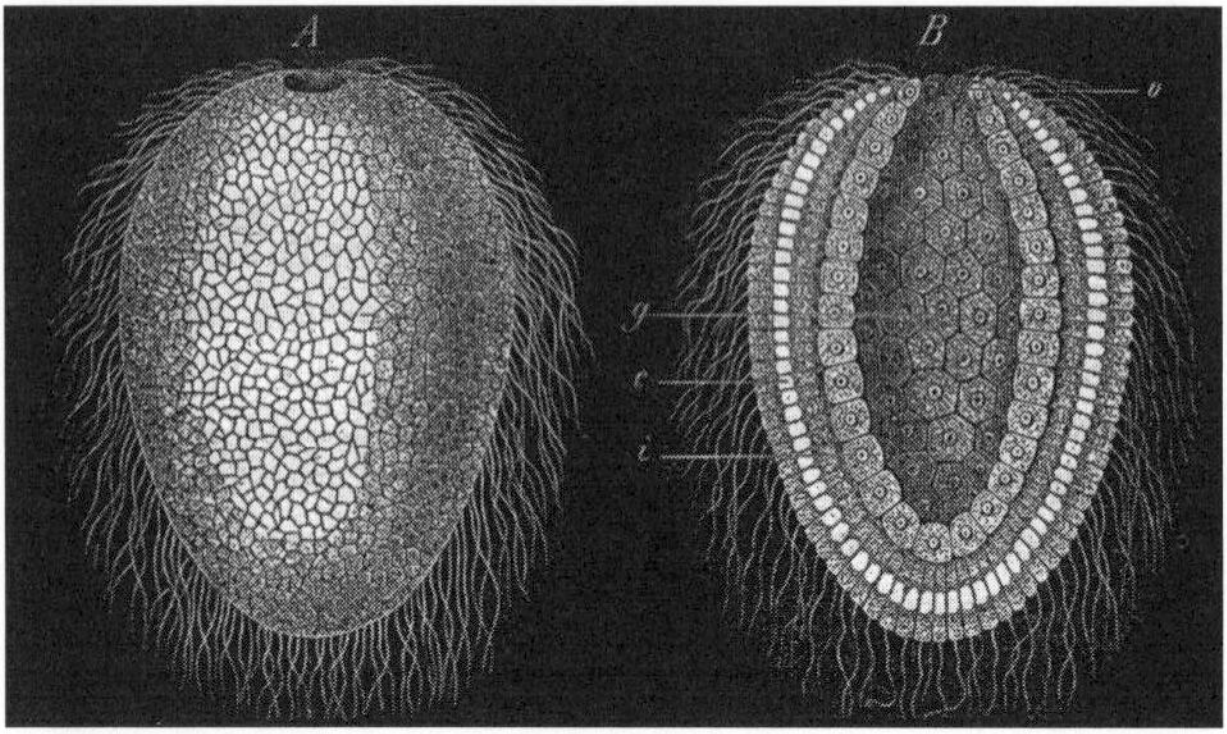

図24　ヘッケルが『人類創成史』において示した想像上のすべての多細胞動物の共通祖先，ガストレア．

ストレア」と呼んでいた（図24）。この名称は、いまでは原腸胚を示すものとして残されているが、もともとはヘッケルが多細胞性の動物すべてを生み出した祖先に対して与えた名前だったのである。ただし、それが実在したことを示す化石記録は見つかってはいない。いずれにせよ、ヘッケルが示した、「クラゲのような放射相称の動物から、左右相称の3胚葉性の動物への進化」は、いまでも生き残っている重要な仮説である。これについてはのちにふたたび振り返ることにしよう。

進化発生学と反復

ここまで見たように、同じ反復的解釈であっても、ベーアとヘッケルのそれは微妙に異なったイメージを伴っている。ベーアは砂時計的なパターンで進む発生過程を考え、その「くびれ」に相当するフアイロティピック段階が形態学的原型と一致し、動物門を定義する基本的体制が胚に成立する瞬間だと捉え、徐々により特殊な形質が付加されるにつれて分類学的な細分化が起こるという考え方をした（図18参照）。一方でヘッケルは、原型やファイロタイプを認めながらも、それ以前に生じるより深層の類似性が存在し、それが、動物門の起源を反映すると考えた。ヘッケルにとっての類似性は、ベーアの観察よりもはるかに抽象度の高いものであったから、実際の視覚的イメージを越えてパターンの一致を強調することがあった。それは事実である。したがって、ヘッケルにとって、最も類似度の高い瞬間は胚発生の中期に起こるなどということはなく、むしろ発生の初期になればなるほど（理想的には）、胚発生パターンは収束していくという、「ろうと状」のパターンとなるはずである（図18参照）。では、実際のところはどうなのであろう。

20世紀中盤以降、比較発生学や形態学が凋落してのちしばらくの間は、反復説それ自体がいわばタブー視されていた時代があった。もっぱらそれは、英米における生物学者や科学史家による反ドイツキャンペーン（それが無意識的なものであったにせよ）によるものであったといってよいだろう。その間、高校の教科書にヘッケルの反復説を紹介し続けた日本の教育方針こそ誇りとすべきである。21世紀にさしかかり、分子遺伝学が発生学と進化形態学をふたたび融合すると、頭部分節説や反復説もつられて科学の舞台に引きずり出されてきた。なかでも、ドゥニ・ドゥブール（1955〜）は、遺伝子発現パターンと胚の類似性を反復説と結びつけて論じた研究者のひとりとして知られている。

のちにも述べるが、左右相称動物の胚の前後軸上には、分節原基を将来どの形のものに変えていくかを決めるいくつかのホックス遺伝子が規則的に発現している。これらの遺伝子群がつくり出すタンパク質はDNA上の特定の場所に結合するスイッチのような働きを持ち、他の多くの遺伝子を制御することによって、その分節の発生の行く末を決めるのである。まるでボディプランの青写真がゲノムに描かれていると思わせるようなこの遺伝子群は、確かに90年代以降、進化発生学第1期の研究にとって強力な推進役となった。最も衝撃だったのは、最初ショウジョウバエで発見されたこれらの遺伝子群とよく似た配列を持つものが、マウスをはじめとする脊椎動物各種のみならず、他の動物門にも広く保存されているという発見である。これには世界中の生物学者が驚いた。なぜなら、原腸陥入期にできた原口がのちに口になる前口動物（ショウジョウバエはそのひとつ）と、原口が肛門になる後口動物では、体のつくり方が互いにまったく独立していると思われていたからだ。みな長いこと、教科書を通じてそう教えられてきたのである。だから、そのようなかけ離れた動物を比べても、「前」という最もシンプルな概念自体さえ共有できないだろう、比較すること自体無理だろうとおおかたの生物学者が信じていた。ところが、である。進化的に保存された遺伝子（のセット）が、これら「かけ離れた動物の前方向」を共通に定義しているのである。ショウジョウバエとマウスは、どうやらそれまで考えられていたよりずっと近い関係にあるらしい。私がまだ若い研究者であった当時のこの感慨を、言葉にするのはちょっと難しい。難しいがしかし、このとき以来、生物学者たちの頭の中にあった、「ネズミとハエ」というモデル動物に対する進化的イメージが大きく変化し、その結果として、厳密な研究によってこれらを正確に比較できると思いはじめたのはまぎれもない事実である。ドゥブールはさらに、ホックス遺伝子群が脊椎動物胚では咽頭胚期に最も明瞭に発現することを突き止めた。１９９４年のことである。

20世紀最後の20年間は、遺伝子という分子的実体をツールとして（これから見ていくように、進化発生学において「分子的実体」というのは最も重要なキーワードとなっているが、このことはあまり自覚されているわけではない）、動物や植物の体の成り立ちを機構的に説明することが可能となった、まさに夢のような時代であった。そして、相同性や分節性など、観念的で抽象的な概念であったものが、特定の発生機構や遺伝子のような実体として扱えるようになり、動物門を定義するボディプランが分子的機構の下に記述されはじめた頃でもあった。そのような研究の流れを決定づけたのがまさにホックス遺伝子であり、それが今日の進化発生学のはしりであったといってよい。つまり、そのボディプランを象徴すると認識されていたホックス遺伝子が明瞭に発現するということは、咽頭胚期が、胚の中にその動物の形の基礎がつくられつつある、まさにその瞬間であるということを、単に形態学的センスではなく、実験的に明瞭なデータとして見せつけているわけである。それが、ベーアのいうところの「胚の原型」の時期に相当するとドゥブールは指摘したのである（図18参照）。

かくして、ボディプランの分子遺伝学的、発生生物学的認識は、ヘッケルを飛び越えて、非進化論的なベーアの原型論を一挙に呼び起こしてしまった。しかし、進化発生学者たちは、もちろん先験論にすんなりと与することはなかった。なぜなら、イデアを持ち出すことなく、胚発生過程の収束現象を説明する理論がきちんと存在したからである。

反復——現在の理解

まず、図18に示した砂時計モデルを説明する理論から見ていこう。これは本来80年代にK・サンダーによって提唱され、１９９０年代、進化生物学者のルドルフ・ラフが広めたものとして知られている、主として「内部淘汰《とうた》」の論理を用いた次のような説明である。

動物の発生において、初期の軸形成、胚葉形成期は確かに動物の体の最も基本的な極性（ポラリティ）を成立させる、基本的に重要なステージであると認識されている。そして、そこで働いている細胞間の相互作用は胚の全域におよぶ、きわめて大局的（グローバル）なものである。が、同時にそのような相互作用やそこで用いられている分子間の相互作用はたかだか可算個にすぎない。ならば、この胚形成過程を損なうことなく、発生プログラムを一部書き換えることも決して不可能なことではないはずだ（図18左下参照）。

一方、後期発生過程においては、初期とは比べものにならないほどの数の遺伝子が発現し、それに基づいた細胞間の相互作用の数と種類もまた多い。しかしながら、ここではすでに発生機構が局所的にモジュール化して（独立性を高めて）しまっており、どれかひとつの相互作用の変化が、他の発生機構を乱すことはもはやない。つまり、胚の中で生じている多数の相互作用は、すでにグローバルなものではないのである（図18左上参照）。ならば、このような発生プログラムの改編もまた、容易なはずである。

しかし、発生中期はどうであろうか（図18左中参照）。これはいわゆる器官発生期に相当し、多数の相互作用が、きわめて大局的なレベルで生じているところである。たとえば、脊椎動物胚においては、神経上皮と中胚葉が相互作用したり、遊走性の神経堤細胞[2]が、胚体の中を広範に移動し、目的の場所で正しい胚環境の中で正しい誘導を受けるといった具合に。このような胚発生機構が進行中の胚においては、わずかなタイミングや形態パターンのずれが、該当細胞集団の発生異常ではすまないような連鎖反応を引き起こし、胚発生そのものが瓦解してしまう危険性をはらんでいる。したがって、進化的変異を最も受け入れにくいのがこの時期であり、内部淘汰を通じて、この時期の胚発生が一定の型に収束してしまっているのだと、サンダーは説くのである。

このような解釈は、確かに動物門特異的なファイロタイプとファイロティピック段階の成立を説明し得る。そして、このような発生プロセスとパターンの収束は、複雑高度なボディプランを備えた動物門になればなるほど顕著となるだろう。そして、そのような進化的に保守的なパターンは、一種の発生拘束として作用し、(天使のような動物が生まれないように)動物の形態を一定の型に縛りつけていくのであると。このような考えは、ベーアに「原型」の概念を思いつかせた背景をも説明する。発生過程の中に、最も胚の形が似る瞬間があれば、そしてそれがのちの発生プロセスに不可避的に影響していくのであるとすれば、それこそが、相同性の源泉ではないか。

確かに、動物門特異的なボディプランを定義する段階があるらしいということは納得できる。しかし、それがそもそもどのような進化的起源を持つのかまでは説明されていない。さらに、これではファイロタイプの実在は納得できても、それ以降の動物群の類似性、つまり、ベーアも認めた哺乳類独自の胚の形態パターンであるとか、霊長類独自のパターンのようなものがどうしてでき上がるのかを説明してくれない。重要なことだが、「ベーアは正しかったが、ヘッケルは間違いでした」ではすまないのである。なぜなら、胚の形が発生上どのように変化していくのかに関して、ファイロティピック段階以降の両者の認識はほとんど同じなのであるから。もし、ファイロタイプだけを認めるのが現在の比較発生学的理解であるというのなら、それはいつでもジョフロワやゲーテ、オーウェンの認識（＝原型論）に逆戻りする危険をはらんでしまう。なぜなら、胚発生過程の中に、原型と等しい内容を持つ保守的な瞬間が一回だけ生じ、その後は種ごとに特異的な成体の形へと一直線に進むとするなら、それは動物の系統進化、分岐の繰り返しを認めない原型的認識とまったく変わるところがないからである。オーウェンの原動物をここで思い出すべきである。彼が、あのパターンを出発点として、すべての個別的脊椎動物をただちに導けるようにデザインしたのではなかったか。分子レベルにおよぶ発生学的実体を手にしてもなお、我々の進化的認識を観念から切り離すのは、決して容易なことではないのである。

発生負荷——もうひとつの理解

内部淘汰の理論を用いた保守的発生プロセスの説明は完璧ではない。それが、とりわけ後期発生過程における、「見かけ上の反復」を説明しないからだ。動物の発生はしばしばあきれかえるぐらいの回り道をする。脚を失ったヘビなど、すべての発生ステージから四肢の発生プロセスを削除してしまえば倹約的なものを、正直に途中まで四肢をつくっておいて、あたかもそれを失った進化過程を再現するかのように、二次的に消失する。同じことは、エラを持たない陸上脊椎動物の咽頭弓《いんとうきゅう》についてもいうことができる。すでに、脊椎動物にはエラの原基を持った咽頭胚期という段階があることを述べたが、呼吸器官としてのエラを失った動物にも咽頭弓は出現するのである（だからこそ、エラが脊椎動物のボディプランの基本的構成要素であるといわれるのである）。同様に四肢動物には頑丈な背骨が発達し、支持器官として必要がなくなったにもかかわらず、発生途上には脊索が出現するし、甲羅の獲得に伴って不要になったカメの背筋もまた、発生中には原基の形で現れる。このように、成体において不要なものを胚発生において繰り返してつくり出している例は枚挙にいとまがない。

このような現象を説明するのが、70年代の理論進化生物学者、ルーペルト・リードル（1925〜2005年）による「発生負荷」理論である（図25）。発生負荷はいまでもあまり知られていない概念だが、発生上ある器官の出現が、その他の発生プロセスによって必要とされている度合いを表現したものである。次に例を挙げる。

たとえば、脊椎動物の遠い祖先において最初に脊索が現れたとき、それはいま見るホヤのオタマジャクシ幼生（図2参照）におけるように、単なる遊泳器官の一部としてしか用いられていなかったと仮定してみよう。このような脊索であれば、気の向くままに捨て去ることができる。つまり、泳ぐことを放棄し、卵から生まれたらすぐに固着するとか、遊泳を必要としない移動の方法があれば、脊索は不要となり、それを捨て去ることに問題はない。しかし、のちの脊椎動物の進化過程においては、発生途上の脊索はシグナル中心（いわば、細胞の分化や形態パターンを誘導するための司令塔）として機能しており、神経管に対しては運動ニューロンを誘導し、中胚葉に対しては骨格分化を誘導するなど、脊索の存在なくしては正常に発生できない仕組みが発生後期にどんどん蓄積されてしまっている。その集積として現在の脊椎動物のボディプランは成立しているのである。そういうことになると、多くの顎口類《がくこうるい》（顎を持つ脊椎動

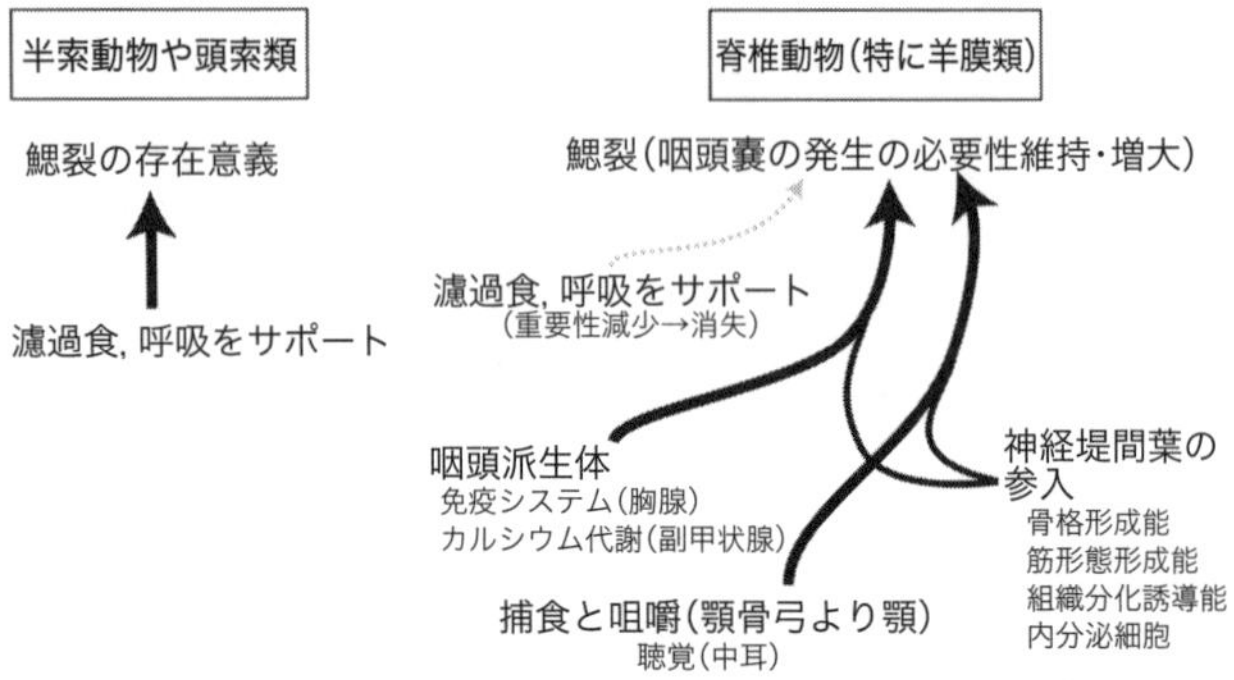

図 25　発生負荷の論理．矢印は特定の構造を進化上，守る論理を示している．

物）の成体において脊索それ自体が支持装置としての機能を失ってしまったとしても、おいそれとそれを捨て去ることが、もはやできなくなってしまっている。いわば脊索は、発生上それが誘導し、分化をサポートする他の構造の維持のために、間接的に守られている（脊索を失うような変異は発生を全うできず、集団から排除される）というわけである。

このように考えると、脊柱や骨格筋、神経系を正常に分化させ、さらに前後軸に沿って胚体が伸びるためには、脊索が存在することが必須条件であり、それが存在しないと胚もまた発生を続けることができない。このように、脊索は「負荷を負っている」ために、簡単に消失できないことになる。ここでも、内部淘汰が脊索を守るための機構として働いている。では、進化上、先に出現した構造はすべて何らかの負荷を負うかというと、おそらくそれは間違っている。子孫において不必要になったものは、確かに消えてなくなってしまうのだ（したがって、厳密には反復していないのである）。それを説明するには、脊椎動物の体にとって重要な構成要素である、エラの進化を扱う必要がある。

脊椎動物のエラ

反復する発生の例として最もよく引き合いに出されるのが、脊椎動物咽頭胚に出現する「咽《いん》頭弓《とうきゅう》」である。これは魚類においてはエラの原基だが、陸上脊椎動物にも発生途上で現れる。脊椎動物の遠い祖先においてエラは、呼吸器官というよりも、ホヤやナメクジウオに見るような濾過食のためのふるいにすぎなかった。サイズの小さな動物では、体積に比して表面積が大きく、ことさら大規模な呼吸装置を持つ必要がないのである。

鰓孔《さいこう》（えらあな）の間に見られる支柱が内臓弓や「鰓弓《さいきゅう》」といわれるもので、胚においては特に「咽頭弓」といわれることが多い。咽頭弓の中に脈管系が発達し、それをもっぱら呼吸、もしくは濾過に際しての水の出し入れのみに用いるのはヤツメウナギやヌタウナギなど、円口類と呼ばれる顎を持たない段階の脊椎動物から由来した動物にいまでも見ることができる。しかし、顎を持った脊椎動物においては、咽頭弓、ならびに咽頭嚢《のう》はさまざまな器官を二次的に分化させている。なかでも最も有名なものは、リンパ性器官として知られる胸腺《きょうせん》と、カルシウム代謝を行うための内分泌器官の副甲状腺である。発生上、これらの器官は、咽頭嚢の内胚葉上皮と神経堤細胞が出会うことによってでき上がる。つまり、胚の特定の場所で異なった細胞の間での相互作用が起こり、それが場所に応じた独特の器官をつくり出すのだ。胸腺の場合は、咽頭弓という独特の場所で分化することのできた胸腺原基と、そこへ血流に乗ってやってきたリンパ芽細胞がさらなる相互作用を果たし、それらが一緒になって胸腺となり、成熟したリンパ球を形成するに至る。つまり、咽頭弓には胚の体の別の場所には成立することのない独特の細胞の出会いがあり、それが咽頭独特の器官をつくっていく。

胸腺や副甲状腺のような器官の重要性を、とりわけそれらの機能の面から見れば、陸上の四肢動物において咽頭に発生する必然性はまったくないのである。リンパ性器官や内分泌器官は、原理的には体のどこにできてもかまわない。しかし、頭部内胚葉と頭部神経堤細胞が出会い、それに基づく特定の遺伝子機能をベースに相互作用が起こり、そうして特定の器官ができるような仕組みが、祖先に成立してしまったのである。同じ器官をまったく新しい場所に最初からつくり出すだけの進化を起こすことは、よほど幸運な偶然を考えない限り不可能なのである。それよりはむしろ、祖先の発生プログラムをそのまま維持させることのほうがはるかに有利である。そして、胸腺や副甲状腺を守るためには、個体発生上、それらの原基となる咽頭嚢《のう》や咽頭弓を滞りなく発生させることが(たとえ、エラが不必要になったとしても)是非とも必要となるのである。もはや個体発生の期間中、生涯エラを必要とすることのなくなった羊膜類(哺乳類、爬虫類、鳥類を含む)にも咽頭弓が出現するが、これは、エラとしての咽頭弓が必要なのではなく、そこから派生する咽頭派生体、すなわち顎、中耳《ちゅうじ》、口蓋扁桃《こうがいへんとう》、胸腺《きょうせん》、副甲状腺などを正常に分化させ、必要な数の動脈弓がのちに内頸《けい》動脈、外頸動脈、肺動脈などに分化していくために必要なステップなのである(図25参照)。

同様のことは、咽頭弓から発生するさまざまな組織構造の進化や形態的多様化に関してもいうことができる(図26)。我々のように顎を持つ脊椎動物の仲間、すなわち顎口類の顎、陸上脊椎動物の中耳において音を伝える耳小骨《じしょうこつ》、顎や喉の動きを補佐する舌骨複合体、カメレオンやキツツキの長い舌の運動を支える支持骨格、エリマキトカゲが威嚇に用いる「エリ」など。これらの構造はみな、水中での呼吸とはまったく関係のない機能を果たしているが、その基本的な骨格構造を見れば、遠く軟骨魚類と硬骨魚類の共通祖先に成立した、基本的な鰓弓骨格のパターンを二次的に変更して用いていることがわかる(図26参照)。つまり、これらの

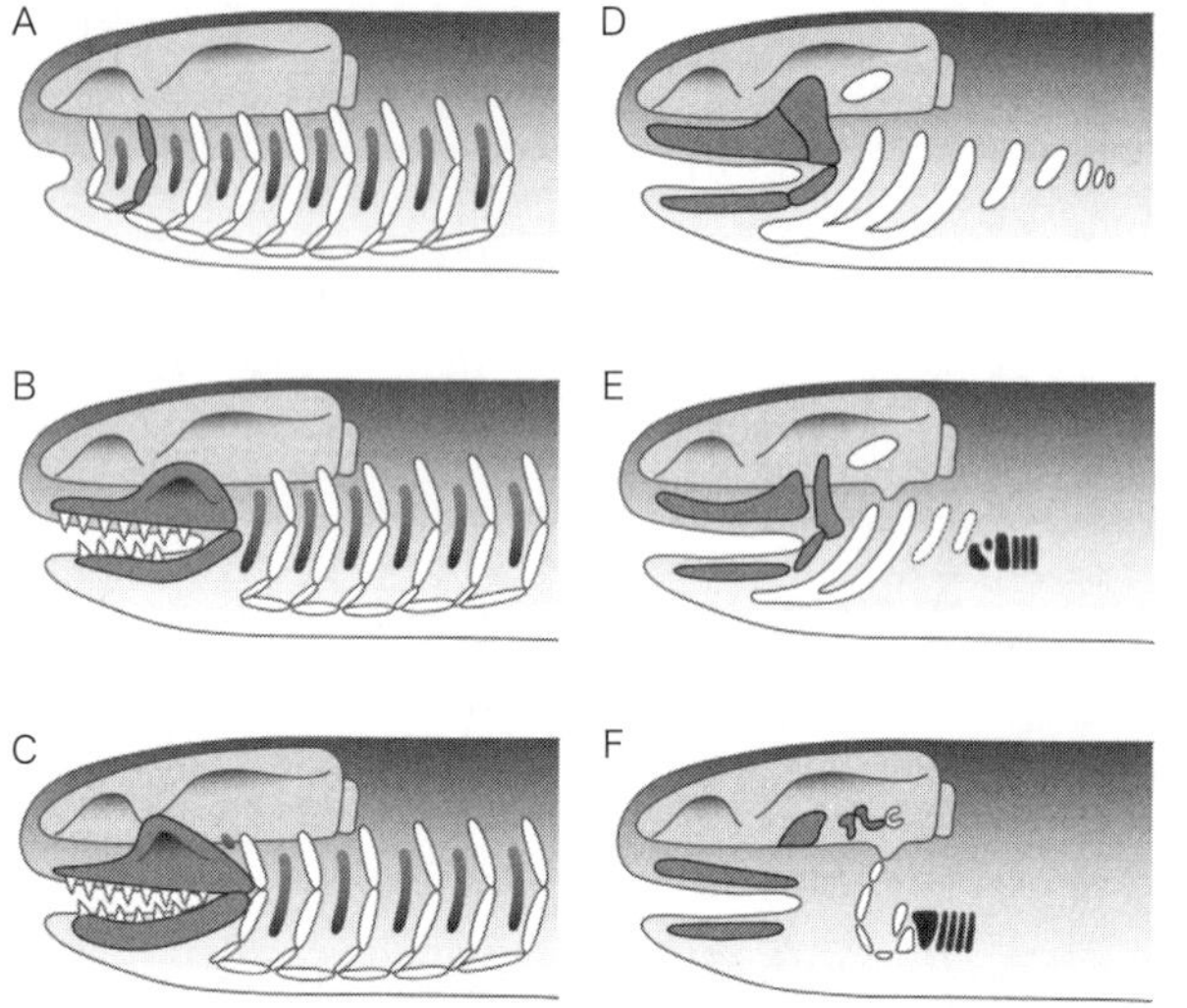

図 26　脊椎動物の進化における内臓弓の形態分化．A: 未分化な内臓弓を備えた仮想的祖先，B: 原始的な顎口類，C: 軟骨魚類，D: 両生類，E: 初期羊膜類，F: 哺乳類，を示す．灰色で塗ったものが顎骨弓《がくこつきゅう》であり，これは脊椎動物の進化を通じて保存されていると考えられている．実際の顎の獲得はこのように単純なものではない．

構造は、まず咽頭弓ができ、そこに神経堤細胞が流入してバラバラの細胞集団、すなわち間葉を形成し、そこにホメオボックス遺伝子であるDlxが発現し（ここまでは、円口類でも起こる）、さらにDlx遺伝子の発現に基づいて、背腹に分極した入れ子状のパターンが成立し（この過程は、顎口類に限って起こる、次章参照）、それによって咽頭弓の骨格原基が上と下に別の構造をつくり出すための特殊化のための機構が発動し、そしてやっと動物ごとに独特の変形を加えることによってできるのである。実際に、エリマキトカゲのエリをつくり出しているのは、このトカゲ独特の発生プログラムだが、それが働くためには、脊椎動物の基本的な咽頭弓の発生プロセスがまず遂行されなければならない。そのため、咽頭弓の発生は確実に守られていなければならないのである(つまり、ここで述べたいくつかの咽頭弓は、大きな発生負荷を負っている)。

咽頭弓とは、祖先の構造であると同時に、エラを必要としなくなった動物の発生の第1段階ともなっている。そして、咽頭弓が脊椎動物の発生過程の中で守られているのは、咽頭弓がなければはじまらないような、高度な構造の発生機構が「咽頭弓の正常な発生を前提条件として」進化してしまったからだ。逆にいえば、現在の陸上脊椎動物は、発生中に咽頭弓ができなければ、高度な器官構造も発生できない――咽頭弓ができなくなるような変異は、淘汰を通じて消えていく――ということになる。ヒトの赤ん坊が生まれてすぐ乳を飲み、すくすくと育っていくたびに、エリマキトカゲがあの奇矯な威嚇装置で敵の目をくらまし、命を長らえて子孫を残すたびに、顎口類の進化の黎明に獲得されたこの咽頭弓の基本発生プログラムは確実に守られているのである。

すでに述べたように、もし、咽頭弓と無関係に、胸腺だけを一からつくり上げようとすると、それはとてつもない労力になる。進化的には、それはほとんど無理な相談だ。胸腺は、その発生に必要な遺伝子発現ネットワークのみならず、それを位置的、空間的に正しく発動させる細胞と組織の相対的位置関係の中に絡め取られてしまっている。現在持っている「胸腺発生プログラム」を破棄して、それと同等のものを組み上げるなど、とてつもなく複雑で、それを後押ししてくれる淘汰の力も期待できない。このことは、脊椎動物の発生プログラムが進化する中で、咽頭胚の形だけがなぜ守られねばならないかという論理ともつながっていく。なぜなら、咽頭胚こそ、さまざまな器官の発生の基礎となる、さまざまな細胞の相対的配置関係が成立するステップに相当するからだ。さらに、このような咽頭胚の形は進化における形態的多様化の土台としてばかりでなく、逆に進化的変形が生じる上での足かせとしても働いている。器官発生期に成立する胚体や器官原基内での細胞同士の位置関係が、あまりに精緻で複雑なものとなってしまい、それに依存して相互作用が精妙に組み上げられてしまうと、そのようなシステムの総体は、結果として動かしがたいものになってしまう。もう我々には、今後いかに進化しようと、頭の後ろに眼を持ったり、足の裏に胸腺ができるような可能性はなくなってしまったのである。これが「構造的ネットワーク」と呼ばれる形態の論理であり、このことに最初に気がついた学者のひとりが、すでに紹介したあのキュヴィエであった。

構造のネットワーク

ひと言でいえば、複雑な仕組みででき上がった構造は進化しにくいのだ。眼球に見るように、レンズや網膜、網膜色素上皮、眼球を動かす外眼筋などが精妙につながり合ってできているネットワークは、その構造的堅固さのゆえに変異がきわめて小さいのである。この仕組みの一部を改変しようものなら、眼をつくる仕組み全体が瓦解してしまう。このようなわけで、どの動物もまったく同じような眼を持っているように見える。感覚器官としての眼のみならず、外眼筋もまた、脊椎動物の進化を通じて最も形態的変化の乏しかった筋の一群として知られている。しかし、脊椎動物の眼が考え得る限りで最も理想的な構造をしているかどうかとなると疑問が残る。たとえば、脊椎動物の網膜の光受容細胞の極性は光が入ってくる方向とは逆を向いている。しかし、光受容の効率化のために、眼の原基となる神経上皮の極性を逆にするような進化は、脊椎動物の中枢神経の基本構築すら設計し直さねばならないような抜本的なものとならざるを得ない。こんな過激な進化を考えることは、先ほどの胸腺と同じく、眼と同じ機能を果たす新しい器官を最初から組み上げるのと同じようなものなのである。それは新しいボディプランに基づく新しい動物門を創成するに等しく（脊椎動物が最初から進化し直すのと同じ）、眼の効率化のための淘汰ではとうてい間に合わない。むしろ、現在の与えられた眼の基本設計に基づいて、（＝発生拘束に従って）粛々と最適化を図るより他はないのである。

このように、構造的ネットワークは、発生拘束をもたらしていると見られる大きな要因のひとつであり、先に述べた「内部淘汰によるファイロティピック段階の保存」とも深く関係している。そして、発生負荷の論理をつくり出している要因ともなっている。ただし、前述の咽頭派生体や動脈系の発生をサポートすることが当面の課題である限り、不必要に多くの咽頭弓をむやみにつくり出す必要はないし、祖先に存在していたからといって、それと同じ数のエラの原基を馬鹿正直に反復させるような必要もない。事実、羊膜類において出現する咽頭弓は、必ず何かに分化するものばかりであり、エラ呼吸をしていた頃と同数の咽頭弓がそのまますべて、羊膜類において残っているわけではないのである。この点において、発生過程は必ずしも、進化をそのまま反復はしていないのである。

確かに発生負荷の論理は、進化上現れた器官や形態パターンの痕跡のように見えるものを胚発生において保存する効果を説明する。しかし、同時にそれは、「すべての胚形態パターンは、それに先立つ胚があって初めて成り立っているのであり、それがまたのちの発生プロセスがつつがなく継続する基盤ともなるのだから、初期発生過程が何より重要であり、そのために進化的には最もよく保存されていなくてはならない（だから、砂時計モデルではなく、ろうと型モデルのほうがより適切なのだ)」という短絡した論理をも導きかねない。いうまでもなく、それは因果の連鎖を限りなくさかのぼっていく行為に他ならず、果ては初期発生過程よりも受精が、受精よりも成体における精子や卵の形成が最も重要という不毛な議論に陥ってしまう。むしろ、発生のあらゆる局面は淘汰の対象となると考えたほうがよい。進化の中で見る発生段階と、個体発生過程の中でのステップとしての発生段階は、それを観察する人間にとって別の意義をまとっているように見えるのである。

遺伝子発現は何を語るか?

進化は、発生プログラムの変更を通して生じる。そして、発生の各ステージ、胚のさまざまな形態パターンには、変わりやすい部分と変わりにくい部分があるらしい。それを知るためにはさまざまな動物の発生過程を比べるしかない。では、異なった動物の胚発生過程を適切に比較する方法はあるだろうか。

形態学的類似性といっても、それはヘッケルがよく理解していたように、目に見える実際の形の類似性というよりは、抽象化されたパターンの類似性といったほうがよい場合が多い。実際に、「咽頭胚がすべての脊椎動物でよく似ている」といっても、具体的な形が何から何までそっくりになるわけではない。そもそも動物種によって、咽頭胚期に現れる体節の数、咽頭弓の数は異なり、すべての器官がどの動物においても同じ順序で規則正しく発生するわけではないのである。

20世紀の終わりにマイケル・リチャードソンらが見出したように、形態的特徴を数値化した上で比較すると(咽頭弓や体節の数など)、脊椎動物の発生においては、咽頭胚期に形態的差異がむしろ大きくなるという、まるで逆の結果が得られてしまう。しかし、それは決して納得できないことではない。咽頭胚期には、それ以前には存在しなかったような数値化可能な形質の種類が増加し、それだけ動物間の差異も加算されることになるからである。計測可能な形質が増えた分だけ、差異もまた明瞭になるのだ。発生段階のすべてを通じて同等に類似性を評価できる形態パターンの計測法もまだ考案されたことはない。

むしろ、より客観的な評価方法として、各ステージの胚に発現する遺伝子の種類と発現量の総和、すなわち、遺伝子発現プロファイルを比較してはどうかという考えがある。このような大胆な研究が可能となったのは、つい最近のことだ。以前は、ファイロタイプ期に発現する遺伝子のＤＮＡ配列のうち、アミノ酸の配列を指定するコーディング配列が、ファイロタイプ期に発現しない遺伝子における方よりも保守的な傾向があるといったような間接的なデータしか報告されてはいなかった。しかし、いまでは遺伝子シーケンシングの高速化のおかげで、複数の動物種の胚の、すべての発生ステージにわたる全発現遺伝子を網羅的に数え上げることができる。

実際に、このような方針に従った比較解析はいくつか行われ、論文が発表され、筆者の研究室にかつて在籍した入江直樹による研究もそこには含まれている。このような解析には、その動物が持っているすべての遺伝子セット、つまりゲノム情報が整備されていなければならず、必然的に用いることのできる動物種は、脊椎動物ではマウス、ゼブラフィッシュ、アフリカツメガエル、ニワトリなど、いわゆる実験用のモデル動物が中心となり、扱う情報量からスーパーコンピュータの動員も必要となる。このようにして入江は、4種のモデル動物種の発生途上の胚に発現する全遺伝子を、総当たり的に比較することにより、確かに遺伝子発現プロファイルが互いに最もよく似るのが、どの動物においても咽頭胚期初期に相当するステージにおいてであることを確かめた。したがって、このようなデータだけであれば、確かにファイロタイプが最も変異の少ない発生時期であり、形態的印象のみから考案された砂時計モデルに合致するようではある。

しかし、同様なファイロティピック段階の類似度が、同属の昆虫、つまり同じショウジョウバエの仲間に属する4種の昆虫の比較においても得られたということになるとどうだろうか。つまり、系統的に適度に離れたさまざまな動物群を比べることで、ファイロタイプが見えてくるというのならわかるが、同じ属に分類されている4種のショウジョウバエの発生を比べても、そこから見えてくるのはその属の共通性だけではなかろうか。しかし実際、4種のショウジョウバエに共通するステージは、昆虫、もしくは節足動物の発生においてファイロティピック段階と呼ばれる「胚帯期《はいたいき》」に相当するものだったのだ。さらに、脊椎動物で保守的な発生段階で用いられている遺伝子群が、別の動物門のファイロタイプ期にも発現することが多いということになると、先に述べた、動物門に特異的な「胚の原型」的発生段階とはもはや呼べなくなるのではないか。いったいなぜ、そのようなことが起こるのだろうか。可能性としては、動物門が分かれる前から成立していた、細胞分化に関わる遺伝子同士のネットワークのようなものがいまでも残っており、それがそれぞれの動物胚の似たような段階で、動物のボディプランとは関わりなく共通に使われているということが考えられる。比較形態学者たちが形態パターンのみから見つけ出した原型とは、まだ遺伝子や細胞のレベルではまったく理解できていないのである。

このような未知の領域の保守性に対して想像をたくましくし、身構えておくこともある程度重要だろう。それにも増して、ふたたび個別的な形態発生の現場に立ち返り、遺伝子の機能と形態形成の結びつき、そしてそれがどのように変化し得るものなのかについて、深く考察することはより重要なことであろう。おそらく、発生と進化の問題を形態のみから捉えることと同様に、進化の中での保守性の原因を、やみくもに形態形成の下部構造、つまりゲノムや、遺伝子発現ネットワークに生じる拘束のみから捉えることも適切な方針とはいえない。おそらく、将来的により本質的な方針は、特定の胚の形態パターンの中で、特定の細胞群が別の細胞群と、ある範囲の時間幅において確実に出会うことにより発動される遺伝子制御機構のようなものを確実に扱う方法であり、その果てにようやく形態パターンを遺伝子制御の文脈で評価することができるようになる。具体的にどのようにすればそれができるのか、まだ考案されてはいない。が、確かなのは、ボディプランの進化発生的評価が、おそらくそのような方針の先にしかないであろうということである。遺伝子、細胞系譜、組織、形態構造など、発生の異なった階層における互いに異質な相同性が、互いにレベルを越えて絡み合い、総体としてある範囲でのみ変異することを許され、系統ごとに新しい形態形成の規則をつくっては、そこかしこに特定の系統だけで通用する相同性、すなわち進化を通じて引き継がれる発生拘束という形態形成のルールをつくり上げ、あるいは特定の相同性を消し去りながら変化を繰り返していく何かが進化の実相なのであろう。以降の章では、この相同性の正体を考察しながら、進化と発生の本質を探っていくことにしよう。

(注2) 多くの動物の発生には、共通して3つの胚葉が参与すると述べたが、脊椎動物の外胚葉は例外的に、「神経堤細胞」と呼ばれる遊走性の細胞群をつくり出すことが知られている。この細胞は中枢神経の原基となる神経板の外側部に発し、胚の中を移動して体の各部に広く分布し、末梢神経のみならず、とりわけ頭部において、通常なら中胚葉から分化するはずの結合組織、骨格組織(骨、軟骨)までをも分化する。脊椎動物のボディプラン形成にとって重要な細胞群である。しかし、であるからといって神経堤細胞を「第4の胚葉」と呼ぶことは過大評価であろう。胚葉は本来限られた細胞型のレパートリーを持つものだが、神経堤は外胚葉に由来する細胞型と中胚葉に由来する細胞型のレパートリーの一部をあわせ持っているにすぎないのである。むしろ、脊椎動物のボディプランに特殊性と新規性を与えているのは、その移動能というべきであろう。この移動能によって、脊椎動物では本来の3つの胚葉だけでは行き着けないところに特定の細胞型を配置することに成功しているのである。

第3章 遺伝子の教えるもの——進化発生学の胎動

形態学的な意味での相同性がこれまでの生物学の歴史の中でどのように捉えられてきたのか、それをまず本章で見ておく。それが、形態の進化を発生や分子機構の視点から考えるための前段階として是非とも必要なのである。すでに見たように、相同性とはただ単に異なった動物における器官の一致をいうのではなく、一群の動物が同じボディプランを共有しているがゆえに、形態構造のつながり方がひとつの全体的な系、すなわちジョフロワのいう「型」として互いに重ね合わせることのできる同じパターンを示し、その中で特定の器官が他の動物の対応する器官と同じ相対的位置を占めていることをいうのであった。そして、古典的な形態学においては、相同という関係が原型の共有、あるいは「型の統一」によって導かれる、当然の帰結と理解されていた（実際の認識の上では逆に、相同な器官を見ることによって、観察者の頭の中に原型という観念ができ上がるのであったが）。つまり、相同性は最初は、必ずしも系統進化的なつながりを示すものとして解釈されてはいなかったのである。しかし、現在進化を認める我々は、動物群の系統的つながりや、祖先‐子孫関係があるからこそ、変わらない形のパターンが目に見えているのだと考える。そしてさらに、発生プログラムや、それを動かす遺伝子が進化を通じて脈々と受け継がれているからこそ、相同的パターンが残っているのだろうと想像する。ならば、その変化の道筋を考えなければ、相同性の限界もわからないだろう。少なくとも、原型理論が示すように、ひとつの原型から個々の動物の形が一直線につながっているようなイメージを持つべきではない。進化が枝分かれするように、相同性もまた、枝分かれするはずなのである。そのことを通じて、相同性の意味を次に見ていこう。

相同性とは

古典的な形態学的相同性が、進化の文脈で別の意味を持ちはじめるのは、ダーウィンの『種の起源』出版以降のことである。ダーウィンは形態学者ではなかったが、動物の「手」が、生態的適応に応じてさまざまに姿を変えていながら、その深層に同じ基本型を有していることを、進化的イベントの共有による発生機構の保存として説明した。しかし、『種の起源』の中で発生と相同性を語るダーウィンの口調はまだ、オーウェンの原型論的解釈の影響を少なからず受けている（図27）。

のちにエドウィン・レイ・ランケスター（1847〜1929年）は、祖先の同じ器官に由来する構造を「相同（ホモロジー）」といい、それ以外のあらゆる類似性を「ホモプラジー」と呼んだ。ここで初めて相同性は、進化的現象として明確に捉えられるに至ったのである。しかし、ここには系統進化的に相同的形態がどのような変容の階層性を示すかという視点が欠けている。つまり、前駆体と派生物の関係である。

たとえば、四肢動物の前肢は、鳥類において翼となっており、この点において鳥類は前肢の相同物を持つわけだが、他の四肢動物における前肢が鳥類の翼と同じものかというと、素直にそうとはいえないことに気がつく。誤解を避けるためにより正確な表現をするなら、原始的な四肢動物は歩行用の前肢を持つが、それは鳥類の翼としての特徴のすべてを持っているわけではない。それが翼と呼ばれるためには、羽毛であるとか、いくつかの指の退化などに代表される二次的変化を経る必要がある。むろん、そのような派生的な特徴はトリ以外の四肢動物には存在しない。同様のことは翼を持つ他の四肢動物（コウモリや翼竜《よくりゅう》など）にもいえることであり、また、それが翼であるというだけで、「翼として」トリとコウモリの前肢が互いに相同な

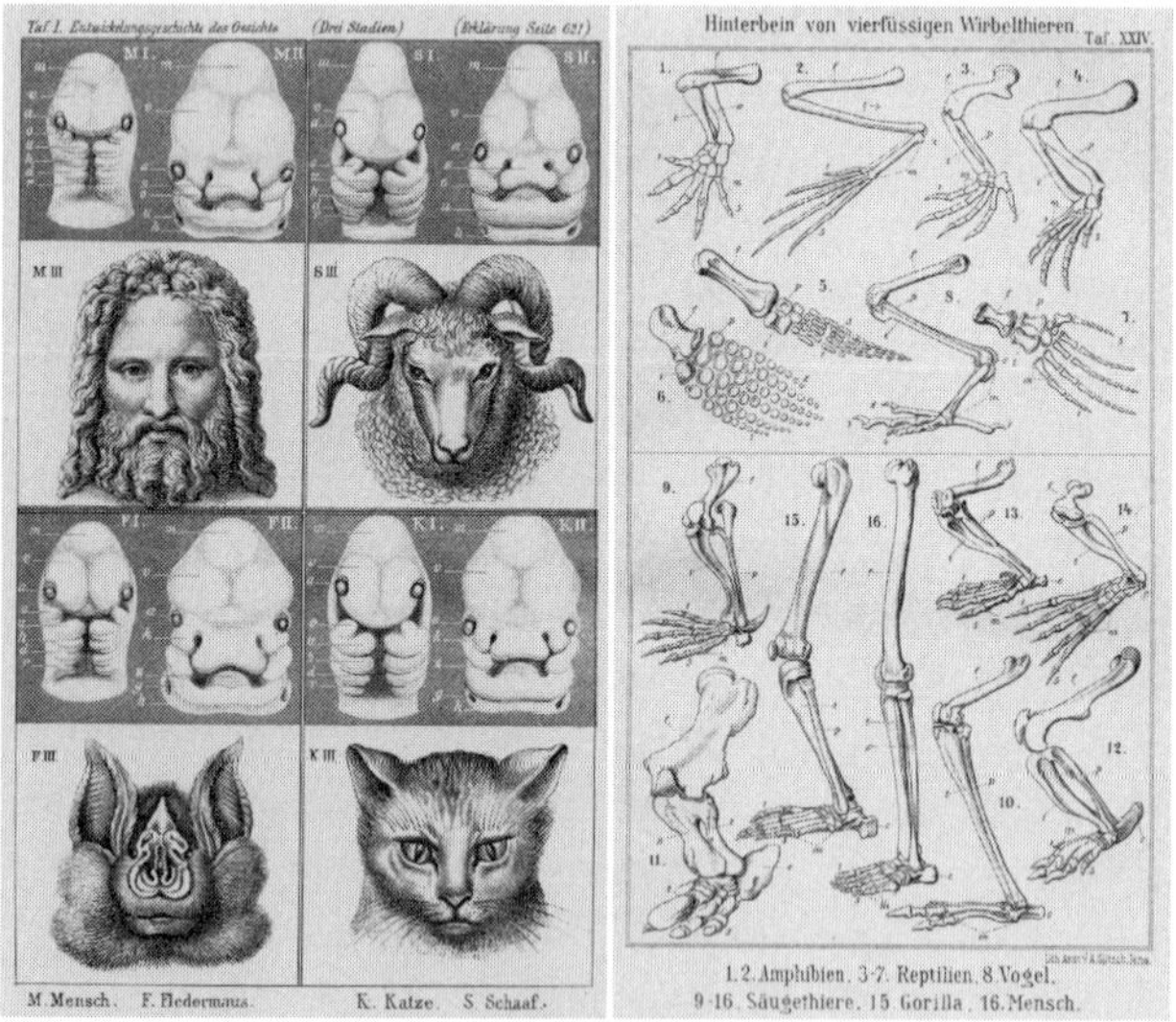

図 27　相同な形質の多様化．左は，さまざまな哺乳類の「顔」が同じ型の原基を持つこと，右は，さまざまな脊椎動物の手と足が同じ基本型を共有していることを示す．後者は，『種の起源』の 1 章，手の相同性と発生に関する解説にこそふさわしい．ここで形態の相同関係を支えているのは，観念的な「型」である．

のではない。むしろ、これらはあくまで「前肢として」、その限りにおいて互いに相同なのである。

このような、「〜として相同」という言い方が必要となるのは、ほとんどあらゆる器官構造において、それが祖先において存在した前駆体をベースとし、その上に派生的な特徴が付加したり、二次的に変形・消失することによって獲得されているからである。つまり魚の胸鰭《びれ》からいきなりトリの翼が進化するのではなく、陸上脊椎動物の祖先が歩行のための肢を進化させ、そこに5本の指ができ、さらにそれが二次的に数を減らすという、段階的な進化のステップを経る必要がある。そしてこのステップの移行が、新しい形態プランの成立と対応し、系統分類学的なトリの「位置」と対応しているのである。すなわち、トリは羊膜類の一群であり、それはさらに基本的に5本指を持つ陸上脊椎動物の一部であり、それはさらに硬骨魚《こうこつぎょ》の一群なのである。したがって、派生的な構造や特徴になればなるほど、その相同物はその派生形質の獲得されたイベントを進化系統的に共有した、少数のグループにしか見出せなくなるというわけである。このような、特定のグループを定義する派生的な（新しい）特徴を「共有派生形質」と呼ぶ。一方、原始形質として定義された構造やパターンの相同物は、派生形質よりずっと広範に見出すことができる。言い換えれば、我々は広い意味で魚の胸鰭と腹鰭の相同物という意味での原始形質を持つのである。しかし、このことは我々が魚の一員であることを示しても、四肢動物であることを示してはくれない。このことは、入れ子式の分類体系をつくり出している形質の分布に等しい。このことは、進化論以前の形態学者にも認識されていたことであり、オーウェンはこのような相同的形質の性質を「不完全相同性」と呼んだ。サメの胸鰭とトリの翼が、祖先的な特徴についてのみ比較できることをこのように呼んだのである。系統進化を明確に意識していたゲーゲンバウアーも、同じ語を用いて相同性の階層構造を定義していた。

このような「～として相同」の系統的性質、つまり多かれ少なかれ相同性は共有派生形質と同じものとして捉えることができる（原始形質も、系統樹のより深いところでは、より大きな単系統群を定義する共有派生形質となり得る）。最近になってディーター・タウツは、この「～として」の部分を「相同性の深度」と表現した。そののち、古生物学者のニール・シュービンらが、「深層の相同性（deep homology）」の語をつくり、形質をもたらす発生機構やそれに関わる遺伝子に見られる同一性、もしくは相同的関係（遺伝子にも相同性が認識される）を示すものとして広く用いるようになった。つまり、相同性の「深度」という概念には、いま多少の混乱が生じている。「深層の相同性」は明確に進化発生学において必要とされる新しい概念であり、本来の形態学的文脈を逸脱している。

進化発生学の黎明期といえば、それは「エヴォデヴォ（進化発生学）」という呼称もまだ存在しない20世紀末の頃だったが、当時、形態に相同性が認められるように、遺伝子にも相同性が認められ（そのこと自体は古くより知られていた）、しかも相同遺伝子が、形態的に相同と認められる多くの胚原基の発生に関わって発現したり、類似の構造やパターンの発生に機能することがしだいに知られるようになっていた（形態形質とは異なり、遺伝子には重複イベントが多く知られ、その結果として遺伝子の相同関係にもいくつかの区別が必要になるが、それについては成書に譲り、ここでは体系的に解説することは控えておく）。いきおい、形態学的相同性という、それまで捉えどころのなかった概念が、その形質をつくる遺伝子、もしくは遺伝子セットの相同性の形で記述できるのではないかという、やや楽観的にすぎる希望的観測が研究者たちの間に蔓延したものであった。形態的アイデンティティの定義を、その生成に関わる下部構造に求めようというこの考え方は、本質的にきわめて還元主義的なものを多く含むが、その傾向はいまでも残っており、しかもそれが実際に有効である場合が多く、特定の構造や組織、細胞型の指標として、それに付随する遺伝子を進化発生学研究において「マーカー遺伝子」と呼ぶ傾向は、いまではすっかり定着した感がある。

相同性と系統

これまで比較動物学者は、動物に見られる形態学的な形質をもっぱら系統推定や分類の指標として用いていた。現在最も支持されているのは、1950年代にヴィリ・ヘーニック（1913～76年）によって創始された「分岐学」的手法であり、それは諸形質が系統樹の上でどのように分布しているかという認識に基づいた方法論である。そして、それはヘッケルのイメージした進化の様相ときわめて近い。どういうことかといえば、進化を段階（グレード）として見るのではなく、枝（クレード）として見る方針がよく似ているのである。

すでに述べたように、動物の体はさまざまな形質の寄せ集めと見ることができるが、その中には派生的な形質もあれば、原始的な形質もある。そして、新しい形質であればあるほど、ごく最近にそれを獲得した共通祖先から分岐した、ごく少数の動物にのみその形質が見出されるはずである。このように、形質の共有によって動物の系統を結びつけていけば、理想的には系統分岐の序列がわかるはずである。つまり、特定の動物群が単一の共通祖先に由来する1本の枝としての「クレード」、すなわち「単系統群」であるなら、そのメンバーだけに共有される新しい相同形質、「共有派生形質」があるはずである（図28）。いくら共有されているからといって、「四肢」は、両生類と爬虫類にも存在する原始形質であり、哺乳類という単系統群だけ

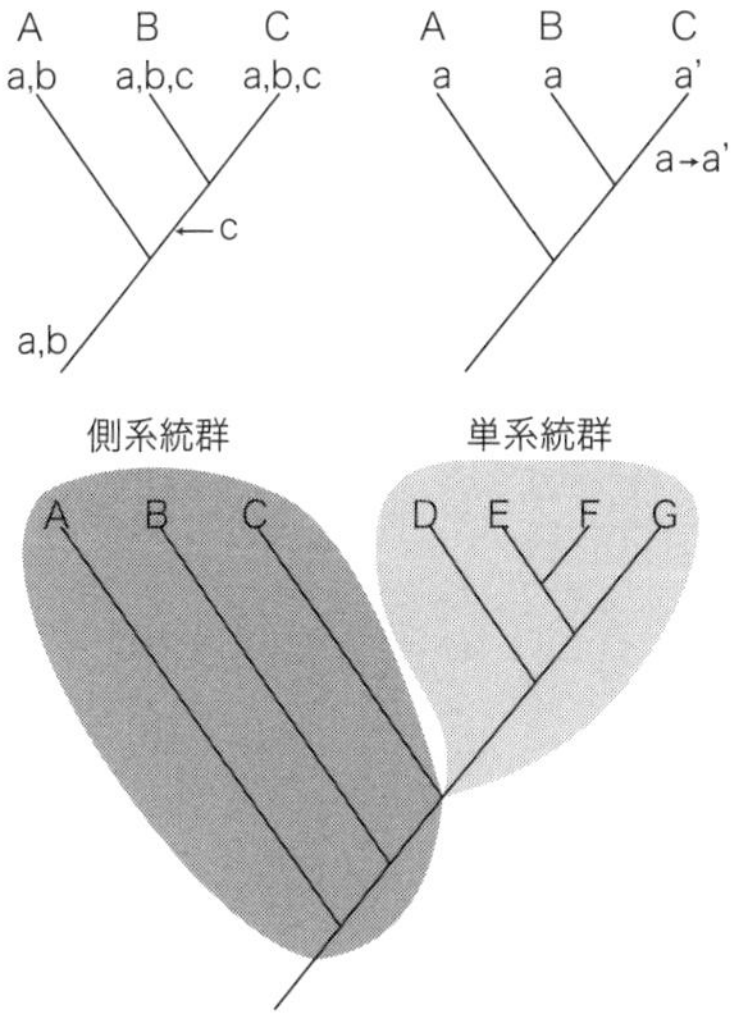

図 28　左上：共有派生形質 c が，系統 B と系統 C からなる単系統群を定義する状態．このとき形質 a と形質 b は原始形質．右上：外群比較．系統 B と C それぞれにおける形質 a と a' の進化的変化の極性を，外群の A における形質 a が教えてくれる．下：側系統群と単系統群．

を定義することはできない。哺乳類を定義するのは、皮骨性の顎関節であるとか、3つの耳小骨といった、他の系統には決して見ることのできない派生的な相同形質のみなのである。しかもそれは、皮膜からなるコウモリの翼のような、単一グループにのみ存在する形質（固有派生形質）であってはならない。これは、哺乳類であることの要件としては狭すぎるのである。このように、系統分岐の序列を系統樹に沿った形質の分布から説明するならば、ヘッケルの反復説は、共有派生形質が生まれた序列を個体発生がなぞっていく法則として見ることができる。つまり、分岐学とヘッケルの反復説は互いに、きわめて相性がよく、それは両者が同じ進化的自然観を共有していることに発しているのである（とはいえ、ヘッケルの反復説が成立しなければ、分岐論的方法が成立しないというわけではない。たとえば、脊椎動物のファイロタイプに見られるいくつかの形質、咽頭弓、体節、脊索などの進化的起源は、初期発生過程において、進化の序列に沿って進むわけでは決してない。図29）。

しかし、どの形質が新しく、どの形質が原始的であるのかただちにはわからないことが多い。原始的な形質であっても、二次的に消失してしまうかもしれず、相同的な形質であると思われたものも、「収斂《しゅうれん》」や「並行進化」によって得られた、進化的イベントを共有しない、いわば「他人のそら似」であるかもしれないからだ。「収斂」とは、同じ機能を果たすために、まったく縁のない系統の生物によく似た構造が独立に進化することを指す。トリと翼竜における翼の獲得がこれにあたる。一方、並行進化も独立に類似の器官をもたらすことを指すが、この場合は互いに近縁の複数の動物系統に生じる変化について用いられることが多い。これらの現象はどちらもホモプラジーをもたらし、互いに厳密に区別することはできない。いずれにせよ、その形質の性質、つまりそれがいま見ている動物群の中で新しい形質なのか、古い形質なのかを知るためのひとつの方法は、変化のポラリティ（極性）、つまりそれが変化してきた方

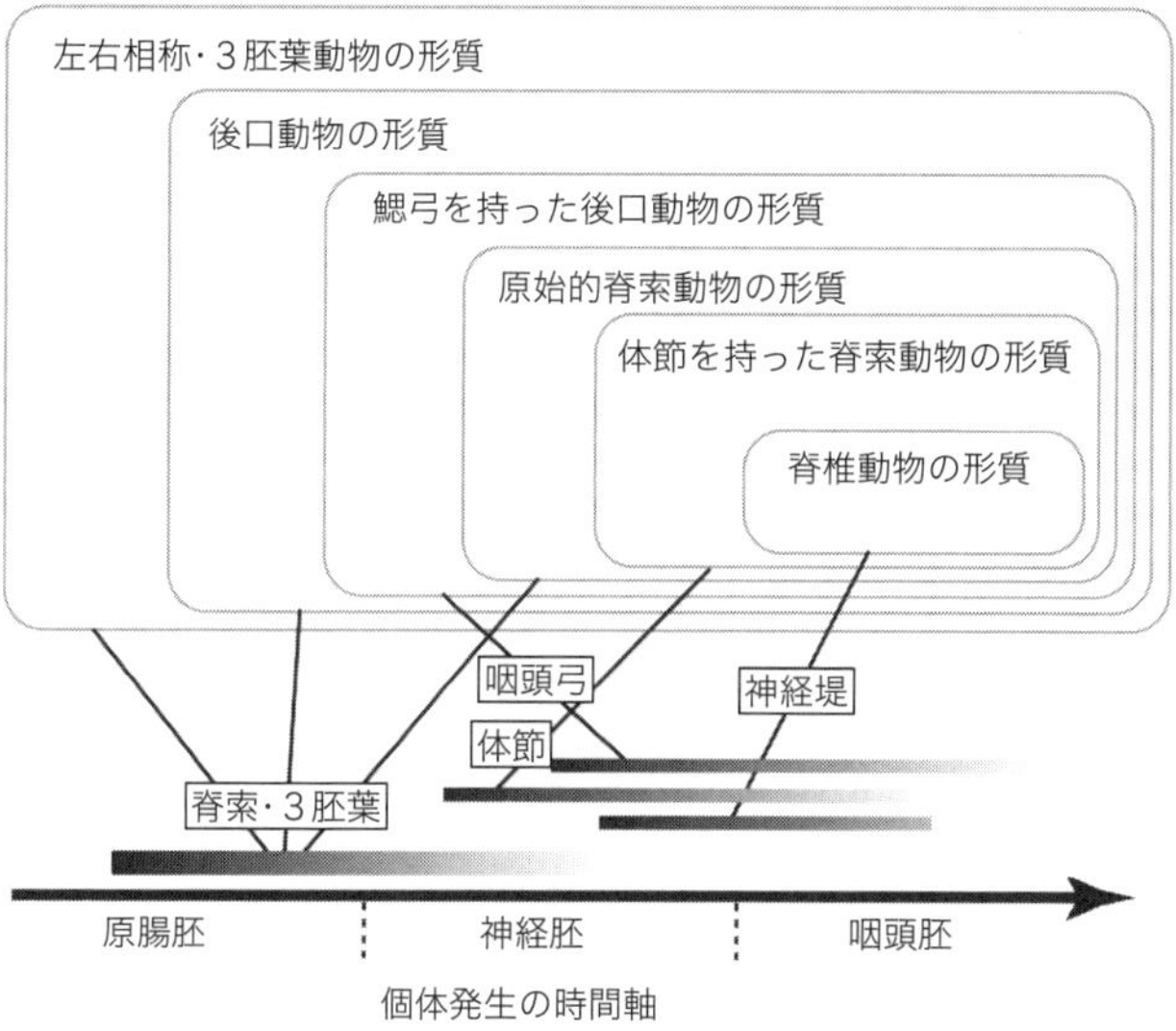

図29　ファイロタイプの構成要素の発生における出現順序が，進化的に現れた順序を繰り返さないことを示す．

向性を知ることである。

たとえば、まったく予備知識のない状態で、トリとある種の恐竜を見せられたとしよう。両者は互いに近縁な動物だが、トリのような羽毛を持った動物から恐竜が派生してきたのか、それとも恐竜のように羽毛のない状態からトリが二次的に羽毛を獲得して成立したのか、それだけではただちに結論づけることはできない。このとき、扱っているこれら2系統の明らかに外に位置している動物（たとえばワニ）を見ると、皮膚の角質構造物は恐竜と同じ鱗となっているのがわかり、これから羽毛を派生的な形質状態であると結論づけることができる。したがって、この分岐推定の文脈では鱗は原始形質であり、それをもってワニと恐竜（この場合、正確には「トリ以外の恐竜」と呼ぶべきだろう）を単系統群として結びつけることはできないのである。このような推定の方法を、「外群比較」と呼ぶ（図28参照。本書の以降の部分では、この推定が何度か使われることになる）。

もしここで、原始形質でもってワニとトリ以外の恐竜をひとつのカテゴリーとして見るのであれば、それは主竜類の中の派生的なグループ、鳥類を除いた「側系統群」をつくり出すことになる（図28下参照）。では、これがまったく無意味なグループかというと、実は進化発生学的に比較する際には何かと便利なことが多いのだ。というのも、鱗が羽毛へと進化する文脈では、この側系統群は、「羽毛以前のグレード」を示すものとして同じように扱うことができるからだ。同様に、脊椎動物の顎の進化において、「顎」という特徴はいわゆる「顎口類《がくこう》」としてまとめられている動物系統のうち、本当に顎を持った板皮類《ばんぴ》とその内群をのみを定義している。しかし、それによって「顎のない甲冑魚《かっちゅうぎょ》」（一般にはオストラコダームと総称される無顎《むがく》類の仲間、図30）は、仲間はずれになる。一方、顎がない状態（つまり、グレード）でオストラコダームの仲間と、顎口類の姉妹群に相当する円口類を一緒にして無顎類と呼ぶことにする

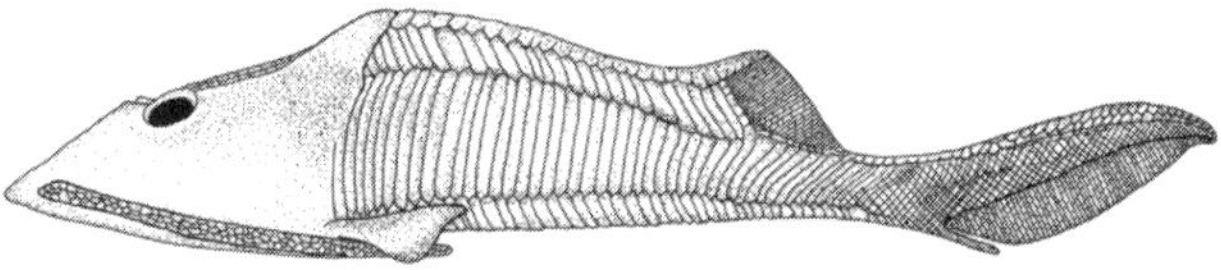

図30　オストラコダームは「顎のない顎口類」の総称．ここに挙げたのはセファラスピス類の1種．現生の脊椎動物は円口類と顎口類の姉妹群よりなるが，顎口類の分岐が顎の獲得と同時ではないため，多くの無顎類が「顎口類のステム・グループ」と呼ばれる．我々の祖先に近い動物であることを強調し，グレードとしての「無顎類」と呼ばれることもある．

と、これは明らかに側系統群になる。いずれにせよ、顎を持った動物の祖先としては、このようにグレードで動物をくくること（共有派生形質が「ない」ことによって動物をまとめ上げること）が現実的な方法である。この無顎類という、複数の単系統群の寄せ集めからなるグレードは、顎の進化を考える上で重要なグループなのである。さらに、すでに紹介したホヤやナメクジウオも、脊索動物のうち脊椎動物（神経堤細胞や、椎骨など、脊椎動物を定義する共有派生形質を持たないことによって定義される）ではない動物群として、「原索動物」と総称することができる。この2グループもまた側系統群である。このように、共有派生形質がクレードという進化のひとつの枝を定義するように、原始形質（あるいは、特定の派生形質を持っていないという状態）はグレードという進化の段階を定義し、後者もまた、進化発生学的に形質の進化を説明するときには、きわめて有用な概念となる。

さらに付言するならば、以前は二叉分岐によって生じたと考えられていた姉妹群が、実はひとつの単系統群と側系統群の関係にあったということが実に多くの例でわかりはじめている。事実、それが進化の実相であったらしい。たとえば、「蝶」と「蛾」は対立する2グループではなく、鱗翅《りんし》類昆虫の共通祖先から派生した多くの系統からなる蛾の内群のひとつが「蝶」と呼ばれているにすぎない。蝶と蛾が過去に大きく二分岐したのではなく、蝶はいつでも蛾に含まれているのである（言い換えれば、日常的に「蛾」として認識されている分類群は側系統群なのである）。同様に、哺乳類の中のクジラの仲間は、かつて偶蹄類《ぐうてい》（蹄《ひづめ》を持つ哺乳類のうち、ウシやシカのように偶数本の指を持つ仲間）と呼ばれていたものの内群であり、それは実際現生のカバの仲間の姉妹群であることが分子レベルでは証明されている。これはレトロポゾンという、いわゆる「動く遺伝子」の分布を通じて証明された、東京工業大学の岡田典弘博士率いるチームのもたらした驚くべき発見であった。例によって、これが発表されたとき、欧米の研究者の激しい抵抗に見舞われたことが記憶に生々しく残っている。が、いまでは誰もが認める通説となっている。さてここで、グレードという進化段階の有用性を再度確認するならば、クジラ独特のボディプランの進化を研究するためには、その前段階である「非クジラ的（グレードにある）偶蹄類」を想定しなければならない。むろん、その中にはカバもウシも含められるが、「このような動物群は側系統群であるから認められない」といっても意味がなく、ましてや「系統的にはカバはむしろクジラの仲間というべき」などというのはまったくもって勘違いというしかない。クジラに見られるのと同じレトロポゾンがカバのゲノム中に発見されても、そのことによってカバがただちにクジラに進化したわけではない。系統分岐のタイミングとボディプランの変化は異なっているのが当たり前なのである(同様に、「カメとワニの系統が分岐したのが2億5000万年前だ」といっても、そのときにカメがいきなり現れたわけではない)。カバとウシに共有されている(クジラから見た場合の)原始的状態がクジラの進化発生学的研究には有用なのである。

形態的特徴の相同性と遺伝子の相同性

さて、ここからちょっと難しい問題がある。先に述べたように形態的特徴が変化しながら系統樹の上で連続的に分布しているように、遺伝子やゲノムもまた進化的に変化しつつ同じ系統樹の上に分布している。では、遺伝子と形態的特徴(表現型)は、互いにある一定の関係を持っているのだろうか。遺伝子と形質は間違いなくリンクしている。あのヘッケルも19世紀後半においてすでに、「遺伝子は核の中にあり、それはもっぱら発生過程において重要な働きを持つのであろう」と、ダーウィン顔負けの的確さでもって看破している。しかし、だからといって、形態的特徴の相同性はすべて遺伝子の相同性に帰着できるか、つまり、遺伝子が相同ならば、それがつくり出している形態構造も相同なのかというと、それはなかなか簡単にはいかない問題であるらしい。

遺伝子とそれがもたらす形態的特徴が、互いに一対一の写像関係にあるのであれば、話は簡単である。しかし、両者の間には発生プロセスという、とてつもなく複雑な過程が介在している。とりわけ高度な体制を持った動物の個体発生過程においては、誘導に次ぐ誘導という、因果関係の連鎖が時系列上に組み上げられている。そして、遺伝子型と表現型がどのような関係にあるのかという問題は、進化生物学者や集団遺伝学者にとって、さらには最近の進化発生学にとっても、最も困難で重要な課題となってきた。20世紀中盤の発生学者、コンラッド・ウォディントン（1905～75年）は、「ゲノムが10％変化したからといって、表現型がそれに見合っただけの変異を示すわけではない」と指摘し、あの有名な「エピジェネティック・ランドスケープ」を発案した（図31）。つまり、発生の進む道筋には「山」や「谷」に相当するものがあり、発生経路がいくつかの落ち着いた道を通るようになっている（このように、地形に発生過程の通りやすい経路ができ上がることをキャナリゼーションという）。このような地形を持った発生過程においては、発生の多少のゆらぎは多くの場合簡単に補正され、あるいは重要な局面では、本来とは別の道に移ってしまい、結果として表現型が標準（つまり、野生型の表

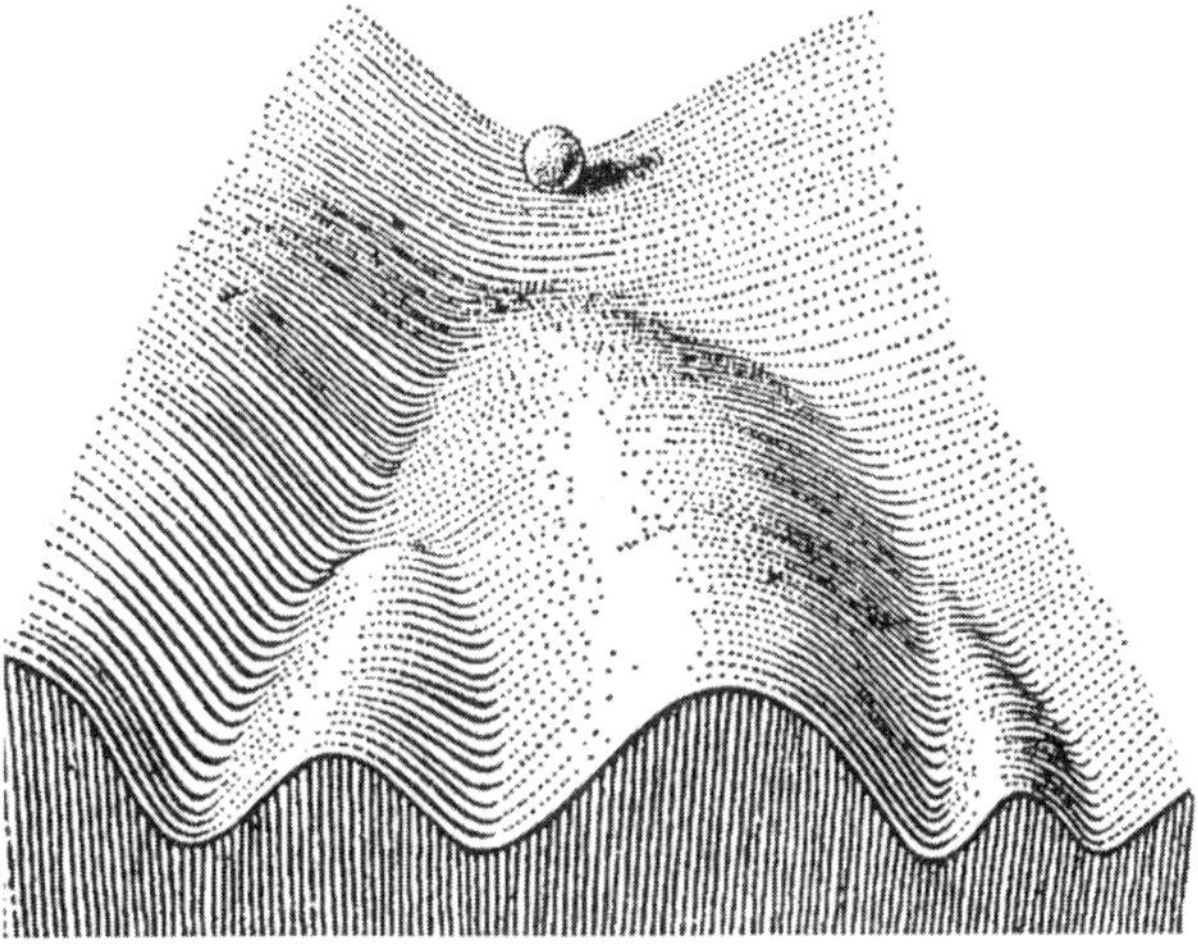

図 31　エピジェネティック・ランドスケープ.

現型）に収まるのでなければ、いくつかの可算個の変異した帰結に収束するようになるというのである。発生経路の重要な分岐点においては、時としてわずかの変異が大きな経路の変更につながることもある、というわけである。

相同性と発生機構

形態学的に器官や構造をカウントし、その諸形質の分布から、系統分岐の序列を最も節約的に推定するのが、先に述べた分岐学の方法論である。ここで「最節約性」というのは、「オッカムの剃刀《かみそり》」と同じく、必要とする作業仮説が最も少なくなるように（つまり、なるべく無理のないように）推論するという原則を述べたものだが、具体的には、形態的特徴の分布を整合的に説明する上で、収斂のイベントをどれだけ少なく仮定できるか、という基準が用いられる。しかし、この方針が分子発生学的現象とはあまり折り合いがよくない。たとえば、ヌタウナギは、現在ではヤツメウナギを姉妹群とする円口類の1グループであると考えられているが、以前はそれ以外の脊椎動物すべての姉妹群と考えられていた。つまり、眼にレンズがなく、背骨がなく、側線系がなく、半規管がひとつしかない、などの多くの形質が総じて原始形質としてカウントされ、この動物を原始的な体制の脊椎動物以前の地位におとしめていたというわけである。ちなみに、眼が機能していないことに伴う構造の欠失として、ここには「外眼筋《がいがんきん》の不在」もカウントされていた。

ここで、ひとつの思考実験として、ある動物において「眼が退化する」という二次的変更を思い描いてみよう。「眼がない」といえばそれはひと言ですむが、実際それは、レンズがない、角膜がない、視神経がない、強膜がない、網膜がない、網膜色素上皮がない、虹彩《こうさい》がない、毛様体筋がない、外眼筋が（6つ）ない、外眼筋を動かす神経が（3本）ない、外眼筋が付着する神経頭蓋壁の一部がない、という、眼の不在に関わる、ありとあらゆる構成要素の不在をカウントさせてしまう（事実、これに似たカウントはヌタウナギの形質について以前行われていたことがある）。これで最節約の原則など持ち出されたら、ヌタウナギが原始的な動物であるとする仮説を覆すのは容易ではなくなる。なぜこのようなことになるのかというと、眼というひとつの器官がそれを構成するいくつかの部品からなっているということだけではなく、この器官が発生や機能において複雑な構造的ネットワークを成しており、しかもそのネットワークをつくっている構成要素が、発生の因果関係、とりわけ誘導的相互作用の連鎖によって互いに結びつけられているという事実による。

実際、眼の発生を見てみると、まず、脳の一部が眼胞《がんほう》として膨らみ、それが表皮外胚葉に接触してそこにレンズを「誘導」する。つまり、表皮外胚葉がレンズに分化するのは、表皮の細胞が最初からそれを知っているからではなく、そのとなりにある細胞から影響を受け、教えられることによって可能となる。引き続いてそのレンズは、さらにそれを覆う表皮外胚葉に対して角膜を誘導し、同時に網膜に対しては正常な発生と維持するためのシグナルを送り続ける(このシグナルもまた、誘導のための因子である)。おそらく、外眼筋の配置と結合に対しても、これに似たような構造間の誘導的相互作用は関わっているであろう(そのメカニズムについてはいまだよくわかってはいない)。そして、そもそも眼の発生の第一歩においては、頭部前方に *Pax6* というマスターコントロール遺伝子[3]が発現することが必須であり、これがなければ、眼の発生がはじまらない(ショウジョウバエにおいては、この遺伝子の相同物を異所的に発現させてやることで、頭部以外のさまざまな、本来とは異なった場所に複眼をつくらせることができる）。これまで行われた実験からすれば、原理的には*Pax6*遺伝子のＤＮＡ結合ドメインの機能を無効化するようなほんの小さな変異を与えるだけで眼の発生の第一歩は抑えられ、それによって、まるでドミノ倒しのように、先に列挙したすべての構造の消失が一挙に誘発されることになるのである。このように、マスターコントロール遺伝子と呼ばれるものは、しばしば発生のカスケード、つまりは因果の連鎖のかなり上位にあって、大規模で複雑な発生機構のネットワークの元締めとなっている。しかも、このような遺伝子は複数の器官形成において同時的に重要な機能を果たしていることとすらある。むろん、眼の消失のような進化イベントにおいては、*Pax6*のような重要な上流遺伝子の機能がいきなり損なわれることはあまりないであろう。むしろ、眼の発生に関わる下流の遺伝子機能が徐々に縮小し、しだいにその表現型が安定化されるにおよんで、ようやくマスターコントロール遺伝子の変化に帰着するということのほうが多いであろう。しかし、先ほどの例に示したように、ゲノムＤＮＡレベルでの変異と、形態構造のそれの間にはきわめて大きな隔たりがあり、とりわけ後者においては、その適切な評価の方法がまだ示されてはいないことには留意しなければならない。

もうひとつの例は、脊椎動物の鼻孔、下垂体（脳の器官のひとつ）、そして顎など、頭部顔面を構成する形態要素の進化である。脊椎動物のうち、いわゆる無顎類と呼ばれている動物の多くは、我々とは違い、単一の鼻孔しか持たない。これは、初期胚における嗅上皮《きゅうじょうひ》の原基、すなわち鼻プラコード(4)がひとつしかないことによるものであり、その発生の様子はヤツメウナギでよく調べられている。顎口類においては、鼻プラコードが発生初期に左右に分かれ、下垂体プラコードも遊離して後方へ移動するため、その間隙にある細胞が軟骨に分化し、2つの鼻孔の間に伸びる鼻中隔や、前脳の底部を支える頭蓋底《とうがいてい》をつくる。そして、その後方に顎が生じる。しかし、円口類にはこのような間隙がなく、顎口類の鼻中隔をつくる細胞の多くは口器の一部となり、我々が持っているようないわゆる「顎」はつくらない。やや複雑な話だが、つまり、鼻、梁軟骨《りょうなんこつ》、口器、下垂体などの構造は、すべて互いに発生を通じてつながっており（つまりネットワークをなし）、そのうちのどれかひとつが他を無視して勝手に進化することはできないのである。したがってたとえば、脊椎動物の進化において、「鼻孔がひとつで、梁軟骨を持ち、顎口類のタイプの口器を持つ」などという状態は原理的に不可能となる。さらに「単鼻性」（鼻孔がひとつしかない状態）と「顎の不在」を独立の形質状態として扱うことは、それらが由来した同一の進化イベントをダブルカウントすることにもつながってしまうのである。ここに挙げた2つの例は、発生現象を考慮しない形態の理解と、最節約性にのみ頼った系統推定の危うさを物語っている。

系統推定にあっては、遺伝子にも形態形質にも等しく並行進化が生じ、等しく機能的要請に応じた進化が生じる。そして、その結果として、正しい系統の推定が困難となり得る。しかし、これまで分子レベルの解析によって行われた系統推定が、形態レベルのそれに比してより確固とした、信用に足る仮説を提示してきたことは一般の認めるところである。その影響もあって、進化形態学者や進化発生学者は、形態的相同性を何とか遺伝子の相同性に肩代わりさせることができないか、遺伝子の発現を形態的同一性の「標識」として用いることができないか、という希望的観測を持ち続けてきた。というのも、形態的相同性は常に自明というわけではなく、発生における原基の相同性は、とりわけ大きく隔たった動物門の間では、組織学的レベルの観察だけでは不可能な場合が多いからだ。だからこそ、形態パターンとは異なる、何らかのマーカーのような比較基準がほしくなる。形態的相同性の決定に、何とか遺伝子の力を借りられないかと期待せずにはいられなくなる、というわけである。それにも増して、形態学者も進化発生学者も、進化において形態形質も遺伝子プログラムも等しく徐々に変化していくはずだという予測を共有している。すなわち、遺伝子のコーディング配列も、その制御を司る非コーディング配列も、系統樹に沿って徐々に連続して変化してきたはずであり、それゆえ遺伝子の発現は原則として同一の（互いに相同な）胚構造とリンクしているはずだと考えたくなる

（この点、トランスポゾンのような動くDNA配列を介した遺伝子制御の進化を示唆する最近の発見などは、彼らにはあまり歓迎できないのかもしれない）。そして実際、相同遺伝子の発現によって相同性が確認され、それが広く受け入れられるようになった例は少なくない。この傾向は確かにあり、それは多かれ少なかれ、その胚構造をもたらす発生プログラムがそれだけ原始的で、かつ、長く保存されてきたことを示すのであろう。が、そうではない例もまた、しばしば見受けられる。それは主として、「コ・オプション」と「発生システムの浮動（developmental system drift）」という、次章で解説する2つの現象に起因するものである。

（注3）特定の器官や構造の分化にとって、要となる遺伝子のこと。マスターコントロール遺伝子は転写制御因子（他の遺伝子のオン・オフを決めるスイッチのような役割を持つタンパク質）をコードすることが多く、その配下に多くの遺伝子を従えている。それらの発現によって、独特の構造や組織、細胞型がつくられていく。マスターコントロール遺伝子はその器官の発生の初期に発現し、特定の細胞群を特定の分化の方向へと導く役割を果たし、進化的に（しばしば動物門を越えて）保存されていることが多い。遺伝子「群」として保存されているホックス遺伝子クラスターも、左右相称動物の前後軸上の位置価を特異的に指定するマスターコントロール遺伝子である。

（注4）動物の胚において、表皮外胚葉の一部が肥厚し、のちの感覚器や神経細胞、さらには表皮由来物（角質構造物のような）の原基となっているものを、総じて「プラコード」と呼ぶ。

第4章

進化する胚

発生システムの浮動

発生プログラムが進化上変動し、かつ、発生によって得られる胚のパターンや表現型のレベルでは強い選択がかかっているような場合、パターンは変えずにそれをつくる発生経路やプログラムだけが変更されるということが生じ得る。これが「発生システムの浮動（DSD）」と呼ばれる現象である。一般的には、進化系統的に相同とされている形質の背景となっている遺伝子レベルでの発生の要因が、種や系統ごとに変異していることをいうが、一面、「発生経路が本来的に固定したものではない」というウォディントンのモデルを思い出せば、これは必ずしも不思議な現象ともいえないのかもしれない。さらに、DSDが予想を超えて一般的な現象であり、これが生殖隔離を介した種分化の背景となっているという考えもある。成体の表現型が保存されていても、胚発生時や幼生期に強い適応的要請があるとき、系統特異的な発生プロセスの選択に強いバイアスがかかることが多い。典型的には、発生における幼生期の挿入や欠失、胚形態や幼生の形態進化などにそれを見ることができる。たとえば、成体の形は他種とほとんど同じでも、幼生や胚の形だけが大きく変化しているウニやナメクジウオの種がある。ある種のホヤの幼生が尾を失い、早期から固着生活をする場合もこれに含めてもよいであろう。さらに加えて、広義には、形態の相同性の根拠が発生パターンやプロセスに必ずしも求められないという現実を示したあらゆる事例は、このDSDに含まれる現象なのであろうと思われる。

アドルフ・レマーネによって引かれている古典的な例としては、ギボシムシの初期発生における体腔《たいくう》形成のパターンの放散が知られる（図32）。つまり、後口動物の多くに共有されている3対の体腔を備えた典型的なディプリュールラ幼生のパターンをつくり出す過程を見ると、種ごとに異なった形態形成様式があることが報告されているのである。ある種では典型的な腸体腔型の体腔形成（図32E）が見られるかと思うと、別の種では裂体腔型の体腔形成（図32A）が見られる、といったように。またブライアン・ホールは、脊椎動物における器官形成のいくつかにおいて（下顎軟骨の発生やレンズの誘導）、動物系統によって特定の誘導現象が

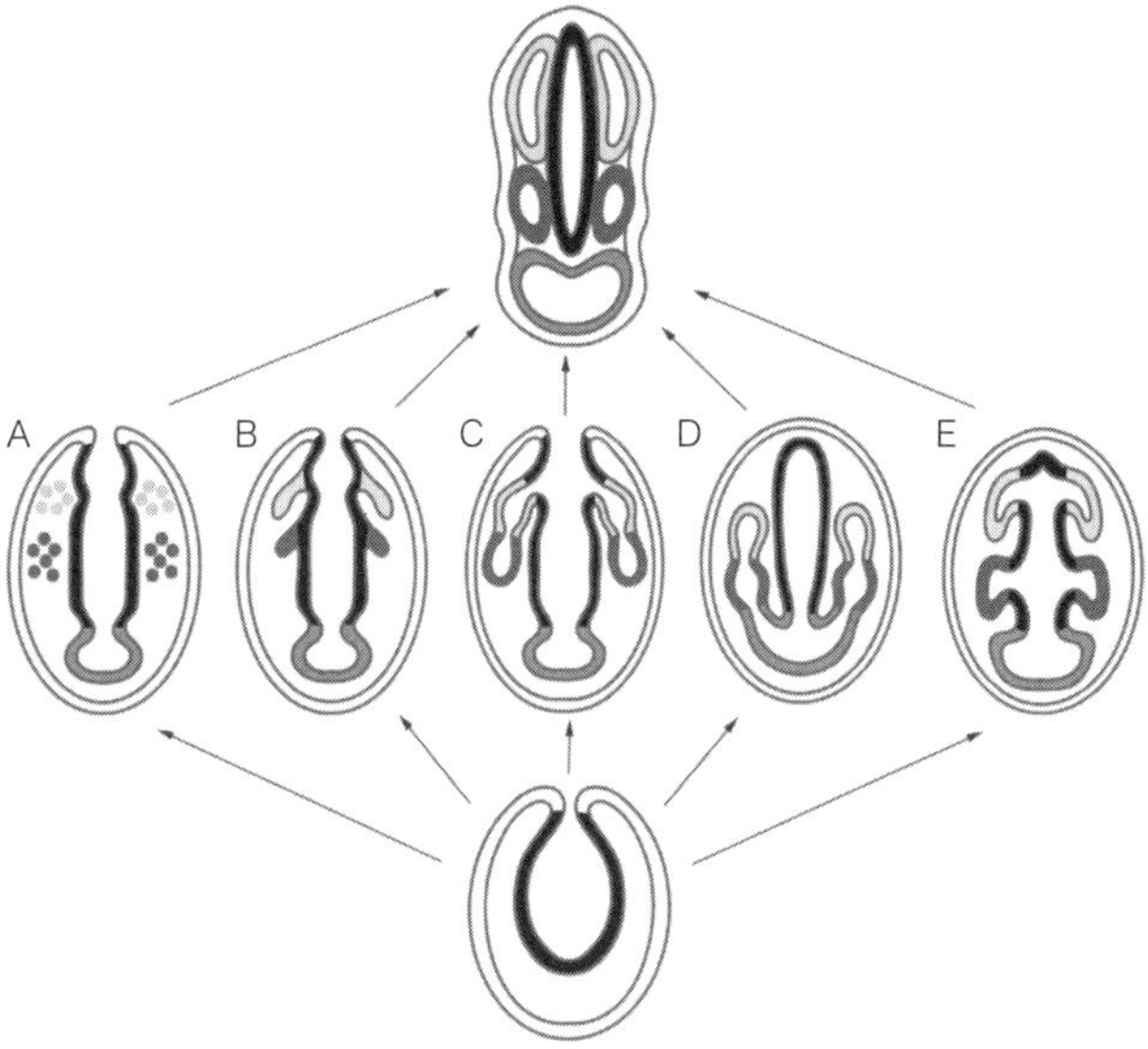

図 32　ギボシムシの体腔形成に見る発生システムの浮動．ディプリュールラ幼生（上）においてでき上がった３対の体腔に形態パターンは保守的だが，それをつくり出すプロセスは種により違いがある．

必要な場合とそうでない場合、誘導が別の組織によって行われている場合など、さまざまに異なった事例を列挙している。

いわゆる「正常発生プロセス」として認識されているものであっても、潜在的には複数の経路を包含し得る。これをよく示した実験は、団まりならの研究グループから報告されている。それによると、イトマキヒトデの胚をすりつぶしたのちに再構築させると、正常発生のとおりに腸体腔型の体腔をもたらすだけではなく、裂体腔型の様式を示す場合もある。つまり、発生過程を乱すと、発生プログラムが本来備えている潜在的な能力があらわになることもあるのだ。目に見えている発生プロセスの背景には、潜在的に複数の経路が隠れているのである。

以上の現象には、すでに述べたウォディントンのエピジェネティック・ランドスケープにおいて、発生経路にキャナリゼーションがもたらされていく現象と深く関係している。当初はさまざまにゆらいでいたものが、しだいに選択を通じてひとつに定まって行くような進化過程を安定化淘汰というが、実際の発生プログラムの進化にもこれと似たようなプロセスがあるらしい。人間の職場においても、当初は誰が何をやってよいのかわからない混沌とした状態があり、時が経つにつれて役割分担や命令系統の流れが一本化し、事がスムーズに運ぶようになる。重要なのは、このような仕事のフローチャートが、特定の誰かのアイデアによって描かれたものではないということだ。そこにあるのは、基本的に試行錯誤だけであり、よい結果を生み出した仕事の手順が次々に応用され、繰り返されることによって確固としたルールとなっていくのである。

ただし、発生機構の進化は実際にはそれほど単純なものではない。その例として、一見安定した発生経路の背景に、さまざまなストレス遺伝子やコファクターが、発生制御遺伝子に生じた変異や発生プロセスに関わる擾乱を補正している（バッファリング、もしくはキャパシテーターとして機能している分子群がある）ということが知られている。つまり、仕事が難しいところには、それだけたくさんの助っ人が導入されているとも見ることができる。熱ショックタンパク質のような分子シャペロンは、そのようなストレス遺伝子産物のひとつ（助っ人のひとり）であり、新しく翻訳された不安定なタンパク質の折り込みを補佐して、きちんとした形に安定化させる機能を持つ。容易に想像できるように、このようなストレスタンパク質は同時に、発生関連遺伝子群のアミノ酸配列に生じた、ちょっとした進化的変異を中立化するためにも役立ってしまうのである。野生型の表現型を持つショウジョウバエにおいて、熱ショックタンパク質Hsp90の機能を実験的に欠失させたラザフォードらによる遺伝学実験においては、それまで変異が補正されることで中立化していた対立遺伝子（そこにはさまざまな制御遺伝子も含まれるだろう）が、さまざまな表現型となって多くの個体に現れるようになるのである。そこに我々は、Hsp90がなくなることによって噴出した（結果的にもはや中立ではなくなった）、多くの対立遺伝子の「それまで甘やかされることによって、好き勝手に変異してしまった機能」を、種々の表現型という形で目の当たりにしているのである。いわば、優秀な下っ端たちがあまりによい仕事をするもので、本職の上層部が甘やかされてしまい、人員削減によって下っ端がいなくなった時点で組織が瓦解する、といったようなものなのである。このように、発生経路のキャナリゼーションは、ある意味、進化の過程で自らの発生プログラムのうちに、いくつもの爆弾をつめ込んでいく現象であると見ることもできる。

むろん、このような安定化機構があると、それは系統的にさまざまに異なった発生経路が独立に成立していく背景ともなる。極端な例としては、同じ形態パターンをつくり出すために並行して走っている、本来的には乖離した発生機構のうち、片方のみが機能的重要度を増していくということもあり得る。まれな例としては、ショウジョウバエの初期パターン形成において重要な機能を果たしている遺伝子のひとつ、頭部方向を指定している *bcd* という遺伝子がある。これは初期胚においてmRNAの形で将来胚の前方となる部分の細胞質中に存在しており、この分子の機能が阻害されると、頭部が発生しなくなってしまう。ところが、ショウジョウバエの初期パターン形成において最も基本的な機能のひとつを果たしているこの遺伝子は、決してすべての昆虫に広く用いられているわけではなく、ハエ以外のほとんどの昆虫ではこの遺伝子が存在せず、ホメオボックス遺伝子のひとつ、*otd* がそれと同等の機能を果たすのである。それでも、これら異なった分子機構の結果としてでき上がる昆虫の頭部は、形態学的にはまぎれもなく相同な構造である。この例では、後期発生過程の形態形成プログラムが基本的に一致している一方、それに先立つ初期のプログラムが一部の動物系統で独立に変化しているさまを見ることができるのである。確かに、形態的な相同性が必ずしも相同的な分子発生メカニズムに依存して現れてくるわけではない、ということがこの例からわかる。ただし、このことは第2章で述べたリードルの発生負荷の論理と拮抗するようにも思える。実際、形態形成にとって決定的に重要と思われている発生機構までが、なぜ進化においてしばしば別の機構に取って代わられるのか、その詳細はまだすべて理解されているわけではない。

コ・オプション

コ・オプションとは、ある器官の形成に関わっている遺伝子群や、それに基づく細胞間相互作用などの発生機構が、そのまま胚の別の場所（そしてしばしば、別の時間）に「移植」され、それが、それまで祖先にまったく存在しなかった構造をもたらすような現象をいう。典型的な例としては甲虫類の「角」がある（図33）。多くの種のオスにしばしば発達する、この角のパターン形成においては、この構造の根元から先端にかけて1セットの遺伝子が位置特異的に発現する。そしてその中で中心的機能を持つのは、遠位（先端側）に発現する *Distalless* 遺伝子（*Dll*）である。ところが、この *Distalless* を含む遺伝子セットは、本来昆虫（を含む節足動物）の附属肢のパターン形成を行う、節足動物に普遍的なものであり、甲虫類の角にそれが

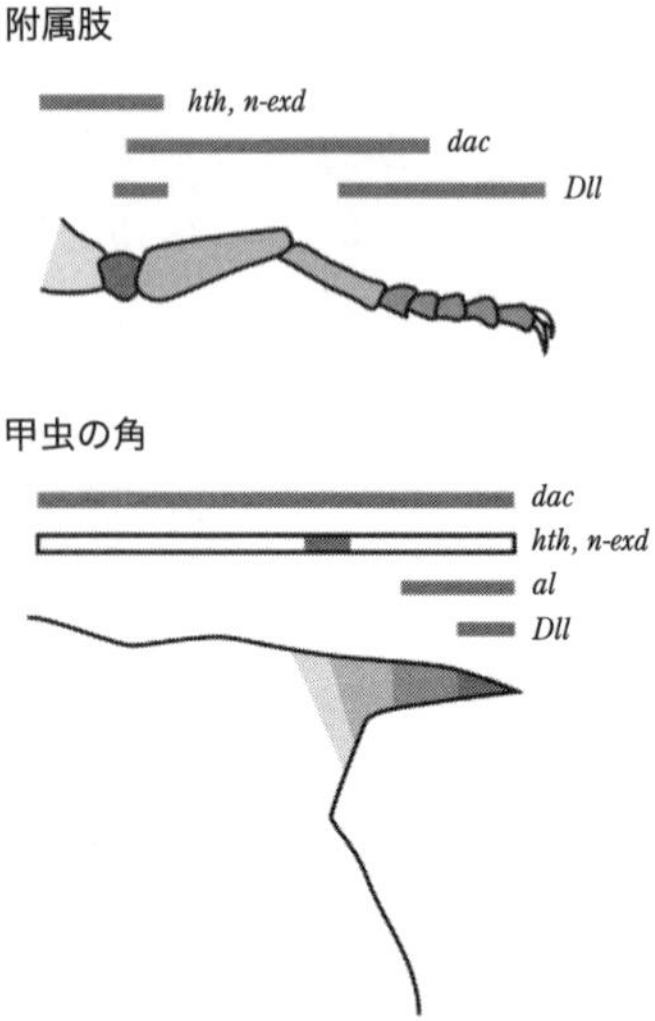

図33　甲虫の角の進化に見るコ・オプション．遺伝子名とともに示している灰色の帯は，遺伝子の発現領域を示している．

現れるのは、この遺伝子セットの二次的「使い回し」にすぎない。実際他の昆虫類では、角原基に相当するようなものは存在しない（すなわち、相同物が存在しない）。このように、何もないところからいきなり新しい構造が得られたように見える進化の背景には、遺伝子のセットを移植、使い回しする、コ・オプションが関わることが多い。

古典的な形態学においては、いかなる構造物もいきなり新しく現れることはないとされる。しかし、それでも突如としてできたとしか考えられないような構造を、「新規形質」とか、「新形成物」などと呼び、特別扱いしてきた。「ルールには反するが、たまにはあってもしかたがない現象」として納得されてきたのである。たとえば、イルカや魚竜の背鰭《びれ》とか、古生代の魚類に新しく現れた胸鰭などは、それに先立つ構造がその祖先に存在しない。言い換えれば、何らかの相同的形態の変形によって生じたものではない。しかし、コ・オプションは明確に、進化の過程にまったく新規にパターンが付加され得る原理を教えてくれるようだ。すなわち、コ・オプションにおいては、ひとつやふたつだけではなく、多くの遺伝子群からなるひとつのセットのような発生上の機能的単位（すなわち、モジュール）が、すっかりそのまま新しい場所に移植されているのである。このモジュールは、しばしば遺伝子制御のネットワークや、タンパク質間の相互作用をベースに組み上がっている、いわば発生プログラムのサブルーチンのようなものだが、これもまた進化を通じて保存される分子レベルでの相同性を基盤として成立している。言い換えれば、「遺伝子Aは遺伝子Bを発現させる」といった関係が進化の上で保存され、そのようなつながりがひとつの発現ネットワークを形成しているということだ。ならば、このような遺伝子発現ネットワークの中で上位を占める「親玉」遺伝子の発現部位が新しくどこかに追加されれば、そこでは、その親玉遺伝子だけではなく、その配下に存在する同じモジュールの下流の因子群（子分たち）もこぞって引きずられて発現し、そこに新しいパターンをもたらすことになる。いくつもの遺伝子が新たに発現しはじめたかのように見えるが、本当に新しい制御機構を獲得すべきは、その親玉だけで十分なのである。これならば、比較的短期間の進化も可能であろう。甲虫の角はまさにそうした経緯を背景として獲得されたものであるらしく、それゆえに、形態構造としてはまったく新規なものであっても、発生の分子的機構の中にきちんと相同性や祖先的プログラムを見出すことができるのである。言い換えるなら、コ・オプションは「深層の相同性」と(祖先に相同物、前駆体の存在しない)「進化的新規形質」を同時につくり出すのである。

むろんこの場合、形態学的意味において角を附属肢の相同物と呼ぶわけにはいかない。相同なのは、これらの構造をつくり出す分子発生的プログラムなのであり、この相同関係は形態的ボディプランのそれとは性質を異にするものなのである。附属肢は節足動物の多くに見られるが、甲虫の角は甲虫の特定のグループだけにしか見られない派生的形質である。この角と附属肢は、明らかに進化的には別のイベントとして得られているのである。

コ・オプションはしたがって、「深層的に相同」な発生プログラム、すなわち相同な遺伝子制御ネットワークをどこかに新しく付加することにより、形態的な新規形質をもたらすことがある。ならば、このような深層的相同物は、動物の体の至るところに見つかる可能性がある。実際、分子レベルでは相同な遺伝子発現カスケードが、相同遺伝子の同所的に発現するグループとして、胚体のさまざまな箇所で用いられているケースは、そのような例として見ることができる。つまり、遺伝子の使い回しとコ・オプションは、しばしば表裏一体の関係にある。

甲虫の角に似たコ・オプションの例としては、脊椎動物の鰭《ひれ》、ならびに手足にそれを見ることができるのではないかという説が、日本の黒岩厚らを含む何人かの発生学者らによって独立に提唱されたことがある（図34）。確かに、対鰭《ついき》（鰭のうち、対をなして存在している胸鰭、腹鰭を総称していう）は顎口類の一部にのみ獲得された派生形質である。そして、その原基の前後軸と遠近軸に沿って、細胞群の位置価を決定する遺伝子群が発現するのである。

「位置価」とはずばり、「それが、どこにあるか」ということである。たとえば、手の発生においてのちに親指となるべき細胞群は、発生のある段階で自分の運命を（小指とは別のものとして）知らねばならず、それは手の原基（前肢芽《しが》）の正しい相対的「位置」に付随していなければならない。そのような位置決定システムを肢芽の前後軸（親指から小指への方向）や遠近軸（肩から指先への方向）において指定しているのがホックス遺伝子群の発現パターンなのである（図34参照）。手足の原基（肢芽）では、**HoxA** クラスターと **HoxD** クラスターの遺伝子がいくつか入れ子状の発現パターンを示す。これと同様のものは、脊椎動物だけではなく、あ

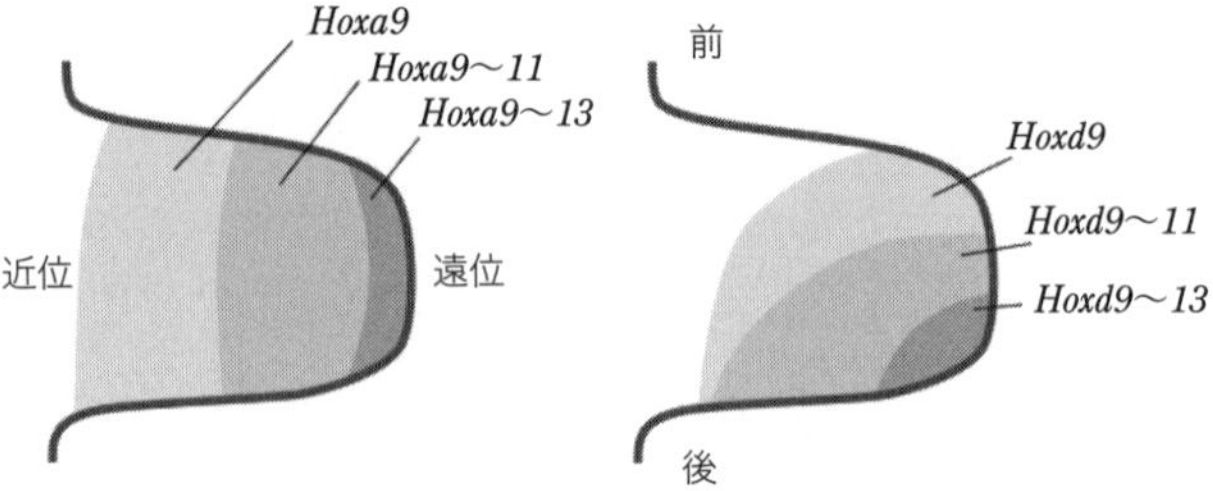

図 34　体軸における位置価決定システムのコ・オプションとしての脊椎動物の肢芽．脊椎動物の肢芽には２つのホックスコードが遠近軸と前後軸を特異化している．これらの Hox 遺伝子は「入れ子式」に発現しており，肢芽の遠近軸の成立においては，*Hoxa9* が肢芽に広範に発現し，やや遠位に *Hoxa11* が発現し，さらに *Hoxa13* の発現は先端部に限局している．したがって，この軸の上で各領域の細胞は異なった組み合わせの Hox 遺伝子を発現していることになり，それに応じて発生の運命が変わっていくのである．肢芽の前後軸の確立においても（右図），Hoxd クラスター遺伝子群が同様の入れ子状の発現パターンを獲得しているのがわかる．

らゆる左右相称動物の体の前後軸において発現し、胚の各部の位置価を決定するホックスコード（Hox code）が知られているが、形質の分布としては、手足よりも体軸のほうがはるかに広範であり、一次的に重要であり、しかもその発現時期もより早い。すなわち、対鰭の獲得にあたっては、本来前後軸を規定していた発生機構が使い回され、対鰭の発生プログラムの一部となったのではないかというのである。

　さらに、脊椎動物の化石記録を見ると明らかに、胸鰭が腹鰭よりも古い時代に出現しているのがわかる（たとえば図30のオストラコダームは胸鰭を持つが腹鰭は持っていない）。つまり、胸鰭と腹鰭、そしてそれに由来した「前肢」と「後肢」は、単純な系列相同物[5]ではないらしい。

ならば、胸鰭の進化において完成した対鰭の発生モジュールが、進化のある時点で、後方に二次的に付加して腹鰭をもたらし、両者を我々が四肢として用いているというシナリオがきわめて濃厚となる。加えて、これら肢芽のパターン形成に機能しているWnt5aシグナリングシステム（Wnt5aというシグナル分子にはじまる形態形成システム）とよく似たものが、カメの甲羅のパターン形成に機能することが知られている。甲羅を持たない他の脊椎動物胚では、このシグナル機構が背中で働くことはなく、ここでもWnt5aシグナリングのコ・オプションがカメの甲という新規形態の獲得の背景となっている可能性がきわめて濃厚なのである。このように、脊椎動物を含む動物の体には至るところにコ・オプションの形跡を見てとることができる。では逆に、コ・オプションのように見えて、実はコ・オプションではなく、本物の相同的関係を見ていたのだという例はあるのだろうか。

ボディプランをつくる遺伝子群――ツールキット遺伝子

すでに、ジョフロワをはじめとする過去の多くの形態学者が、前口動物（ジョフロワはイセエビを比較対象とした。図5参照）の背腹を反転して脊椎動物に重ね合わせ、両者を同じ形態学的「型」の変形として理解しようとしたことについて述べた。実は、このような背腹反転の関係には、単によく似た器官系のセットが背腹軸の上で逆転した位置を占めているというだけではなく、この背腹の極性を決める遺伝子の発現もまた逆転しているという、興味深い対応関係も関わっているのである。

すなわち、昆虫をはじめとする前口動物（原口が口になる動物群）においては、初期胚の背側にDppという成長因子が分布し、その結果として内胚葉、もしくは消化管の位置する腹側、もしくは「臓側」の特性がもたらされるのだが、その反対側に神経系を含めた腹側の極性ができるのは、背側化に関わるDpp因子と結合し、その作用を抑えるSogという因子が分布するからである。一方、ショウジョウバエで発見されたこれらDppとSogの相同的分子は、原口が肛門になる後口動物のひとつ、脊椎動物においても存在し、それぞれBMP2/4とChordinがそれらに相当する。しかも、これらの分子間の拮抗作用も同様に保存されている。すなわち、脊椎動物の初期胚においては、BMP2/4が腹側化因子として機能しており、背側を誘導する、いわゆるオーガナイザー領域に由来するChordinがそれに結合することで、腹側化が抑制され、背側の特徴が誘導されるというわけである（図35）。確かに、昆虫と脊椎動物の形態パターンは、背腹反転した関係にある。

このように、遠く隔たった動物群の間で共通の分子群が機能し、個体発生の初期において共

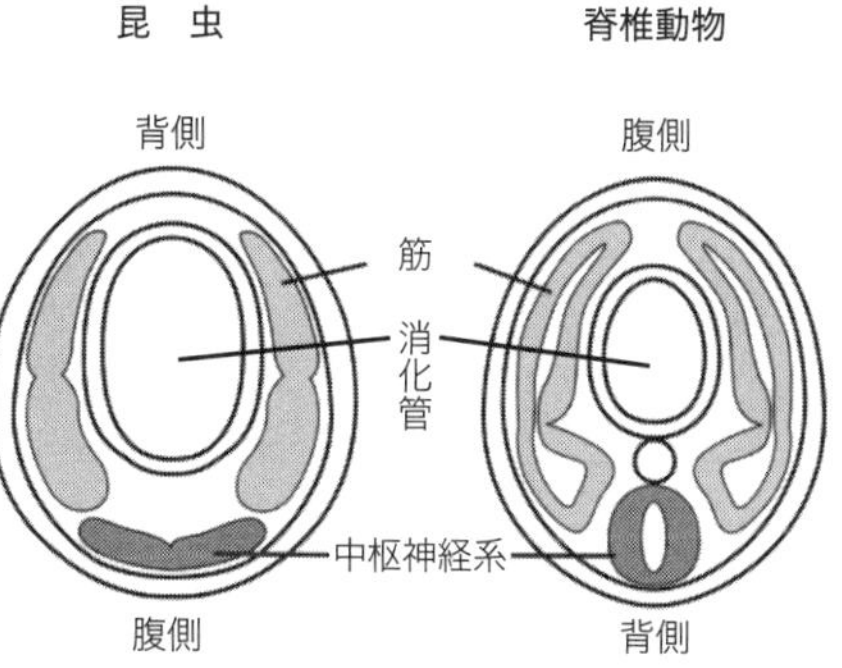

図 35　BMP2/4 と Chordin による背腹軸特異化．ここで示されている脊椎動物の背腹軸は反転してある．

通の形態形成機能を果たしているのは驚くべきことである。では、これらは本当に、左右相称動物の共通祖先から綿々と引き継いできた発生機構なのか、それともそれは単なる「他人のそら似」、あるいはコ・オプションと見るべきなのか。

純粋に分子のレベルでいえば、先に見た共通性が相同的なものであることについては、もはや疑うことはできないであろう。形態的パターンはしばしば、機能の類似性により「他人のそら似」、すなわちホモプラジーを示すことがあるが、塩基配列やアミノ酸配列によって示される分子レベルの相同性は、形態的形質よりもはるかに信頼性の高い相同性を示すと一般的には認められている。タンパク質の立体的な構造に根ざした分子間相互作用まで似るというような、アミノ酸配列やＤＮＡ配列の一致が、進化の過程で独立に、偶然に得られると期待するほうが無理というものである。では、発生機構としてのそれらの類似性はどうなのだろうか。

ひとつの可能性は、そこに確かに発生機構のレベルでの本物の相同的現象を見ているということ（つまり、BMP2/4とChordinの拮抗関係が、左右相称動物の進化においてただ一度だけ起こったという仮説）。そしていまひとつの可能性としては、コ・オプションの一例をそこに見ているということ（BMP2/4とChordinがそれぞれ消化管と神経系に、進化上複数回用いられた）であろう。仮にそれが、コ・オプションであるとしよう。つまり、昆虫と脊椎動物は、それぞれのボディプランが成立する進化の過程で、互いに独立に背腹軸形成機構を獲得したのだが、その際、別の発生現象においてすでに祖先において用いられていた分子機構であるBMP2/4とChordinの拮抗作用が、それぞれの動物において、似てはいるが互いに無縁の発生の場面で、独立に用いられることにより、それらがあたかも相同的な現象であるかのように見えるだけなのであるという。

しかし、後者の仮説には無理がある。コ・オプションが本当に起こったとするならば、そもそもBMP2/4とChordinが本来用いられていた発生の「親システム」があるべきであり、しかもそこではBMP2/4相同遺伝子と内胚葉系、Chordin相同遺伝子と神経外胚葉系という、細胞系譜とのつながりはまだ不在でなければならない。つまり、これら分子群がコ・オプションを通じて背腹軸形成に適用される前から、背腹軸形成とは関係のない別の発生機構において、何らかのグローバルな相互作用のためにすでに機能していなければならない。が、そんなものは残念ながらありそうもない。つまり、左右相称動物の背腹軸をつくり出す機構は、組織細胞レベルにおいても分子の相同性のレベルにおいても広範に保存されているものであり、その起源はおそらくただ一度のものとするのが、いまのところ最も節約的なシナリオなのである。言い換えるなら、脊椎動物の進化において、系統進化のどこかで確かに背腹反転に相当する進化イベントは確かにどこかで起こっていると見るべきなのである。

ここに見たように、動物の体をつくる発生機構は、時として予想以上の類似性を遺伝子発現パターンや分子実体のレベルで示すことがある。しかも、いわゆる動物の基本的ボディプランをつくる上で中心的役割を果たしているものは、ゲノムの中の一部にすぎず、しばしばそれらは似たような発生文脈において繰り返し用いられている。あるいは、特定の器官形成において、動物門を越えて広く用いられている、最も保守的な遺伝子群もある。このような、進化における形づくりの立役者として認識されている遺伝子群を、俗に「ツールキット遺伝子群」と呼ぶ。つくり出す形の具体的な姿は異なり、多様性を示していても、発生プログラムの深層においては系統的に保存された遺伝子群が、あたかも技術者の使う工具箱（ツールキット）の中のように、同じひと揃いの工具が用意されているという意味合いがそこにはある。そしてそれはしばしば、分子レベルの相同性（深層の相同性）を我々に見せ、器官形成や形態学的構築のレベルでは、やはり形態的相同性を確認することは困難なのである。

たとえば、ふたたび典型例として持ち出すならば、動物の眼の発生に共通して機能する*Pax6*の相同遺伝子の例がある。よく知られているように、動物の眼の構造は系統ごとにきわめて異なっている。昆虫の複眼と脊椎動物の眼には、共通した解剖学的構造を見ることはできず、以前はこれら動物門ごとに構造の異なった眼の多くが、系統ごとに何回か独立して獲得されたのだと信じられてきた。しかし、*Pax6*が眼の発生において中心的な機能を持ついわゆるマスターコントロール遺伝子としてショウジョウバエと脊椎動物において共通に機能することが知られて以来、この深層の相同性が強調され、すべての眼が相同であるという言い方がされるようになった。

しかし、ひと目でわかるように、昆虫と脊椎動物の眼は、形態学的な意味で相同なのではない（であるから、分子発生学の発展に乗じて、「眼は昔は相同ではないといわれていたが、最近相同だということになった」などと評論家を気取るのはやめたほうがよい）。確かに、祖先的な動物系統のいずれかにおいて、光受容細胞が分化する際の上流遺伝子として*Pax6*が用いられたイベントがただ1回しかなかったという可能性は高い。そのことは認めてもよいだろう。しかし、のちの系統の分岐において、それぞれの光受容細胞がどのような光受容器官をつくり上げてきたのかといえば、おそらくそれは系統ごとにきわめて異なったものであったと想像できる。そして光受容細胞だけではなく、別のタイプの細胞や組織を巻き込んで、機能的に統一の取れた複雑な構築が達成されて初めて、器官としての「眼」ができ上がるのである。であるからには、光受容細胞が相同だとしても、メカニックな「器官としての眼」が自動的に相同になるわけではないのである。眼の形態学的相同性は、*Pax6*遺伝子の発現によって達成される光受容細胞の分化が成立してからずっとのちに起こった、器官形成の進化のレベルで考えるべきことであり、そして確かに、器官としての眼の成立は系統ごとに独立して生じているのだ。つまり、単なる光受容器ではなく、器官としての眼の形成における*Pax6*の機能も「深層の相同性」の一例にすぎないのである。ここには、先に述べた「〜として相同」の認識に基づく混乱が控えているようだ。あるいは、相同性を強調するのであれば、それはのちに述べるアレントによる、「細胞型の相同性」としたほうがはるかに理にかなっている。これと同様の例は、複数の動物門で共通して心臓原基の分化に必須の*tinman*や、さまざまな突起構造の形成に関わる既述の*Distalless*など、いくつかのものが知られる。加えて、脊椎動物と節足動物に共通して見られる分節性の同一性も、よく似た問題を抱えている。

分節に位置価を与える遺伝子群——ホメオティックセレクター遺伝子群

おそらく、形態的相同性と遺伝子の相同性が最も顕著な相関を見せる例が、胚体の前後軸に現れるホックスコードであろう。これは、ショウジョウバエで最初に発見された、位置価決定に関わる、ある遺伝子群の総称である。

発生学の主流が、比較発生学から実験発生学へと移行しつつあったのが、20世紀の前半のことであった。しかし、19世紀末より早々と、比較発生学や脊椎動物の祖先探しに見切りをつけ、遺伝学へと転向したウィリアム・ベイトソン（1861～1926年）のような学者もいた。彼は生物界において、ある構造が別の形態アイデンティティを獲得してしまったり、あるいはひと連なりの系列相同的な要素からなる構造の分節数に変異が生じるような例を体系的に調べ上げた。彼はこのうち、アイデンティティのスイッチが生じる突然変異を「ホメオティック突然変異」と呼んだ。つまり、葉の代わりに花ができたり、親指の代わりに薬指ができたりする変異のことである。それからおよそ100年後、ショウジョウバエに見られる突然変異のうち、翅《はね》が2対になったり、触角が歩脚になったりするホメオティックな性質のものが見つかり、その原因となる遺伝子座も同定されるに至った。こうして発見されたのがHOM遺伝子複合体（ショウジョウバエのホックス遺伝子群）なのである。

胚の細胞それぞれの位置価を決定し、その結果として分節形態のアイデンティティを決めていくこの発生制御遺伝子群は、ベイトソンの概念にならい「ホメオティックセレクター遺伝子群」と呼ばれるようになった。植物の花を発生させる際にも、葉と同等の原基を、その位置に従って、雌しべや雄しべ、花弁に分化させていくホメオティックセレクター遺伝子が存在する。動物におけるホメオティックセレクター遺伝子群は、ゲノムの中でクラスターを形成し、互いによく似た配列のものがDNA鎖の上で前後に並んでいる。これらの遺伝子は、約60アミノ酸をコードした「ホメオボックス」と呼ばれる、きわめて保存性の高いドメインを共通に持っており、これによってこれらの遺伝子産物はDNA結合タンパク質として機能することができる。つまり、DNAの特定の領域に結合して標的遺伝子の発現を制御する、いわばスイッチのような機能を果たすタンパク質をコードした遺伝子なのである。このような遺伝子クラスターは脊椎動物においては（ゲノム重複の結果として）4つか、それ以上が知られ、4つあるものについてはHoxAからHoxDクラスターと呼ばれている。

　何をおいても注目すべきは、これらの遺伝子が器官形成期の胚の前後軸に沿って、クラスター上での配列と同じ順序で発現するという、一種の並行関係を示すことである。つまり、これら遺伝子がＤＮＡ鎖の3′側から5′側に向けて並んでいる順序のとおりに、胚体の頭部から後方へ向けてホックス遺伝子のそれぞれが発現していくのである。このような前後軸上で明瞭な発現レベルを示すホックス遺伝子群の発現パターンをまとめて「ホックスコード」と呼ぶ（図36。頭部におけるホックスコードは、図40参照）。その結果として、胚体後方では、多かれ少なかれ、いくつかのホックス遺伝子発現が重複する傾向がある。脊椎動物の体幹では、椎骨の前駆体に発現しており、そこに発現するホックス遺伝子の組み合わせによって、後頭骨、頸《けい》椎《つい》、胸椎、腰椎、仙椎、そして尾椎の形が獲得される。分子遺伝学的操作によって特定のホックス遺伝子の発現するレベルを変えると、それに応じて変異マウスの椎骨列にも形態的変化が生じる。つまり、ホックスコードは、脊椎動物の体幹においては、「椎式」[6]を決定する分子的基盤なのである（図37〜39）。このような発現パターンと機能を持つ遺伝子が発見されると、「ＤＮＡの中にボディプランをつくる設計図が書き込まれている」と誰もが期待する。しかし、いまに至るまで、ホックスクラスター以上によく形態との相関を示す遺伝子群は発見されては

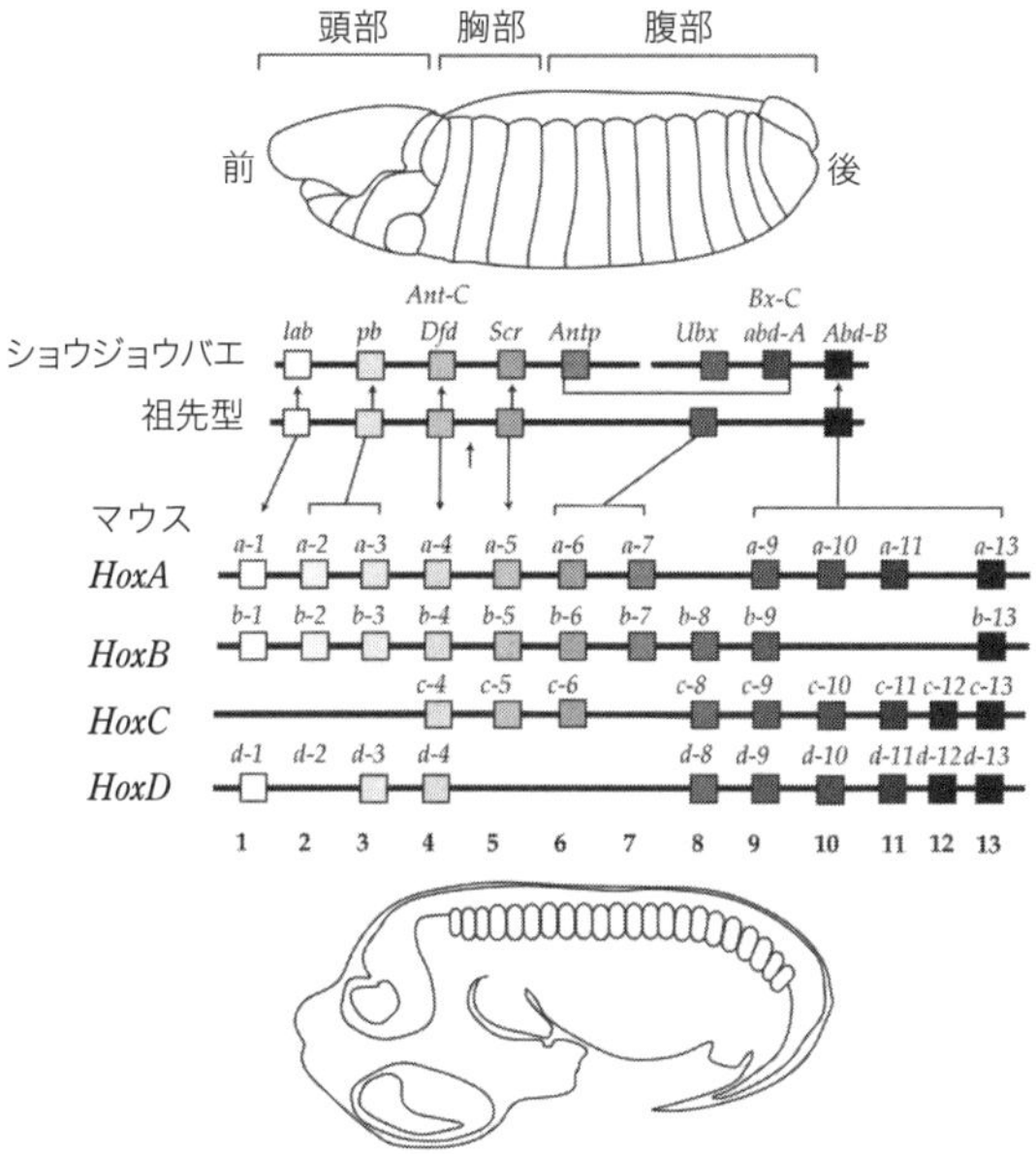

図36　Hox遺伝子とズータイプ．３胚葉と前後軸を持つ動物のゲノムには，Hoxクラスターを含めたひと揃いの制御遺伝子群がなければならないという考えが示された．

いない。むしろ、この遺伝子のクラスター構造自体が、発生の過程で前後に整然と遺伝子を発現させる仕組みの一部となって、進化の中で保存されているのだという考え方が有力なのである。

脊椎動物の頭部では、ホックスコードは後脳に見られる分節構造、ロンボメアと、咽《いん》頭弓《とうきゅう》内の神経堤間葉を分節的原基として、やはり入れ子式にホックス遺伝子群が発現する（図40）。そして、ここでもまた、ホックスコードの

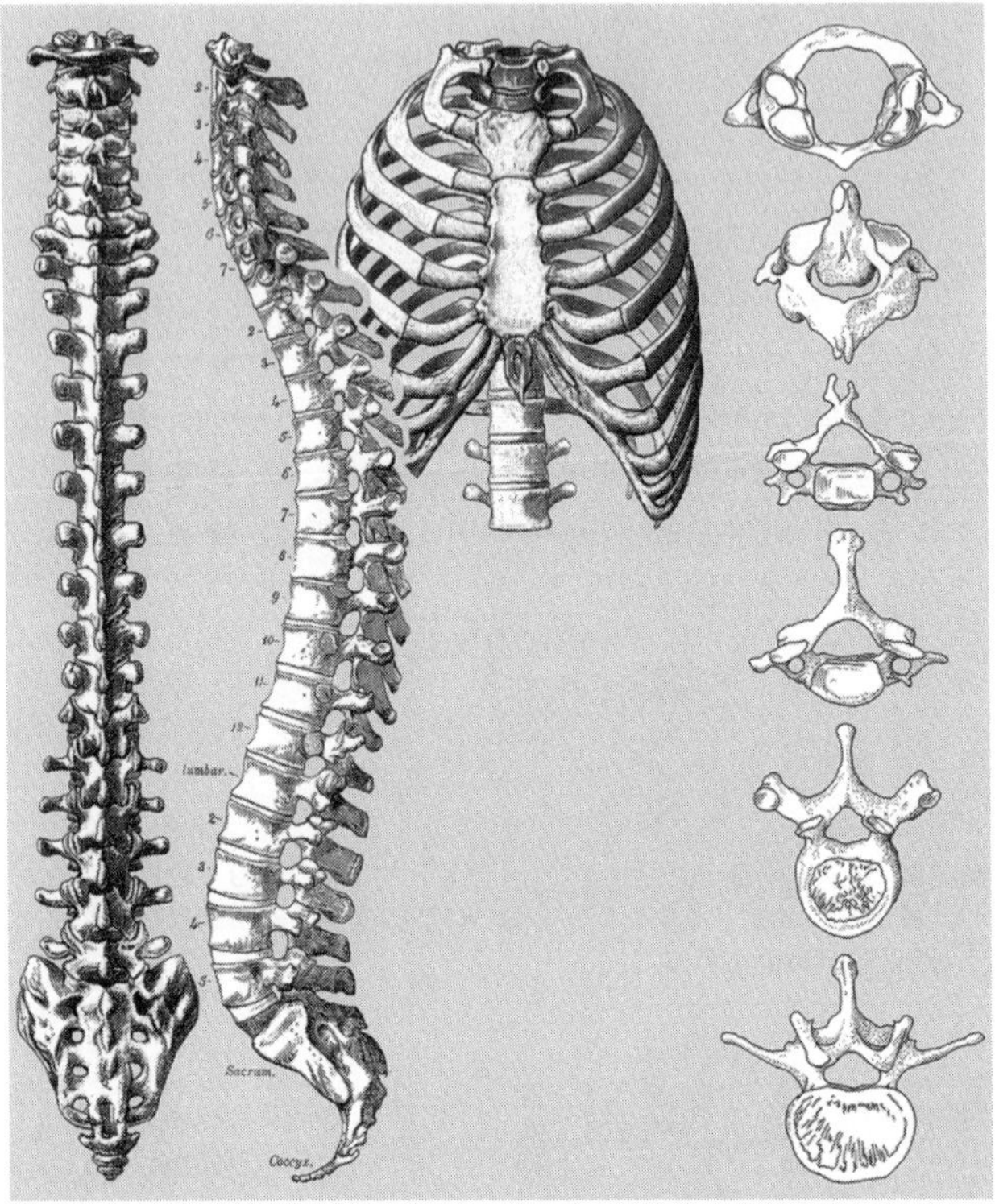

図 37　ヒトの脊柱．左は背面図，続いて左側面図，肋骨と胸骨によって構成された胸郭の前面図．右図は，上から，第 1 頸椎，第 2 頸椎，第 5 頸椎，第 7 頸椎，胸椎の一般型，腰椎の一般型，を示す．椎骨は典型的な系列相同物であり，位置ごとに形態が変化し，別の名前で呼ばれることに注意．

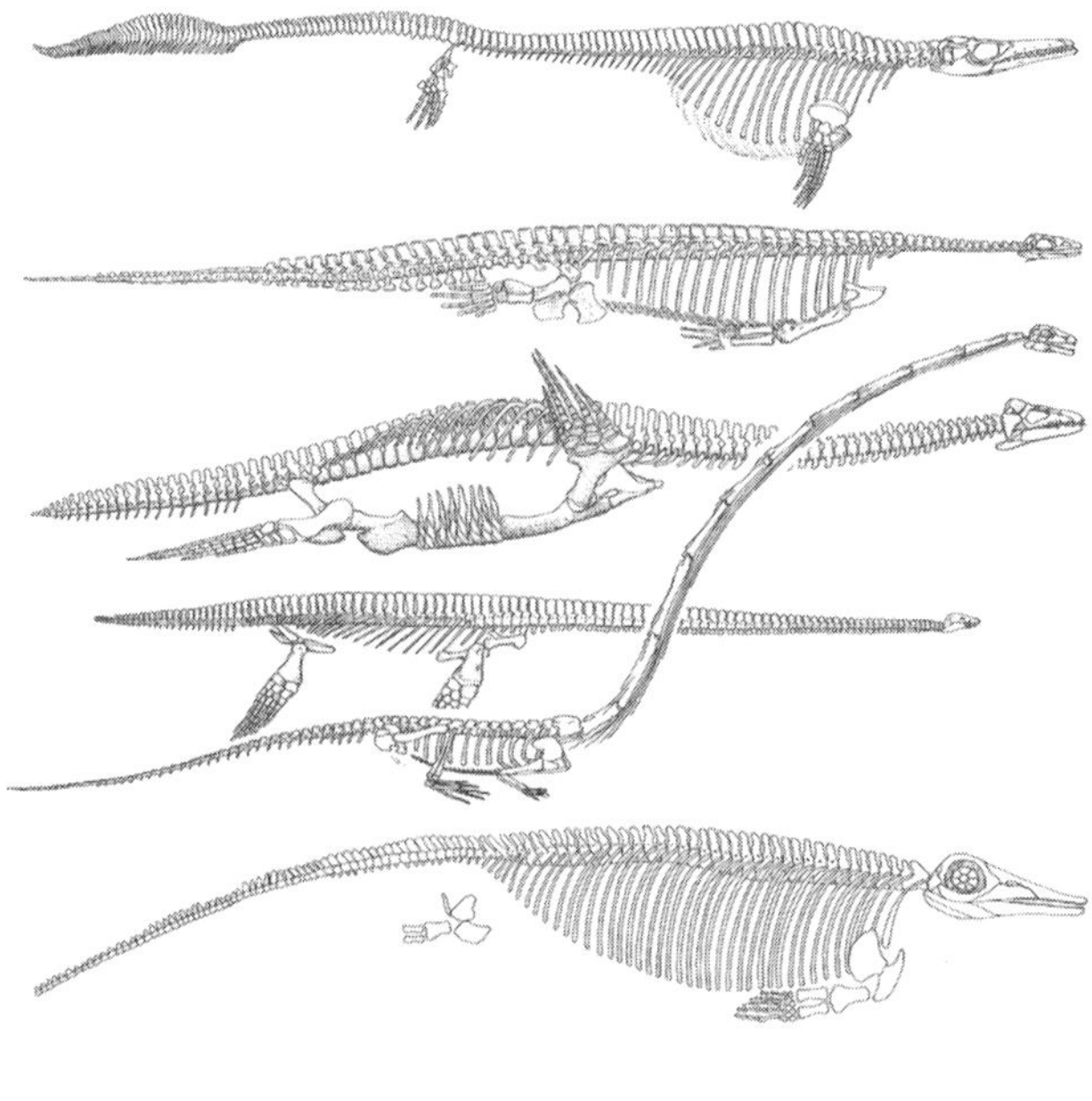

図 38　さまざまな海棲爬虫類における椎式の変化.

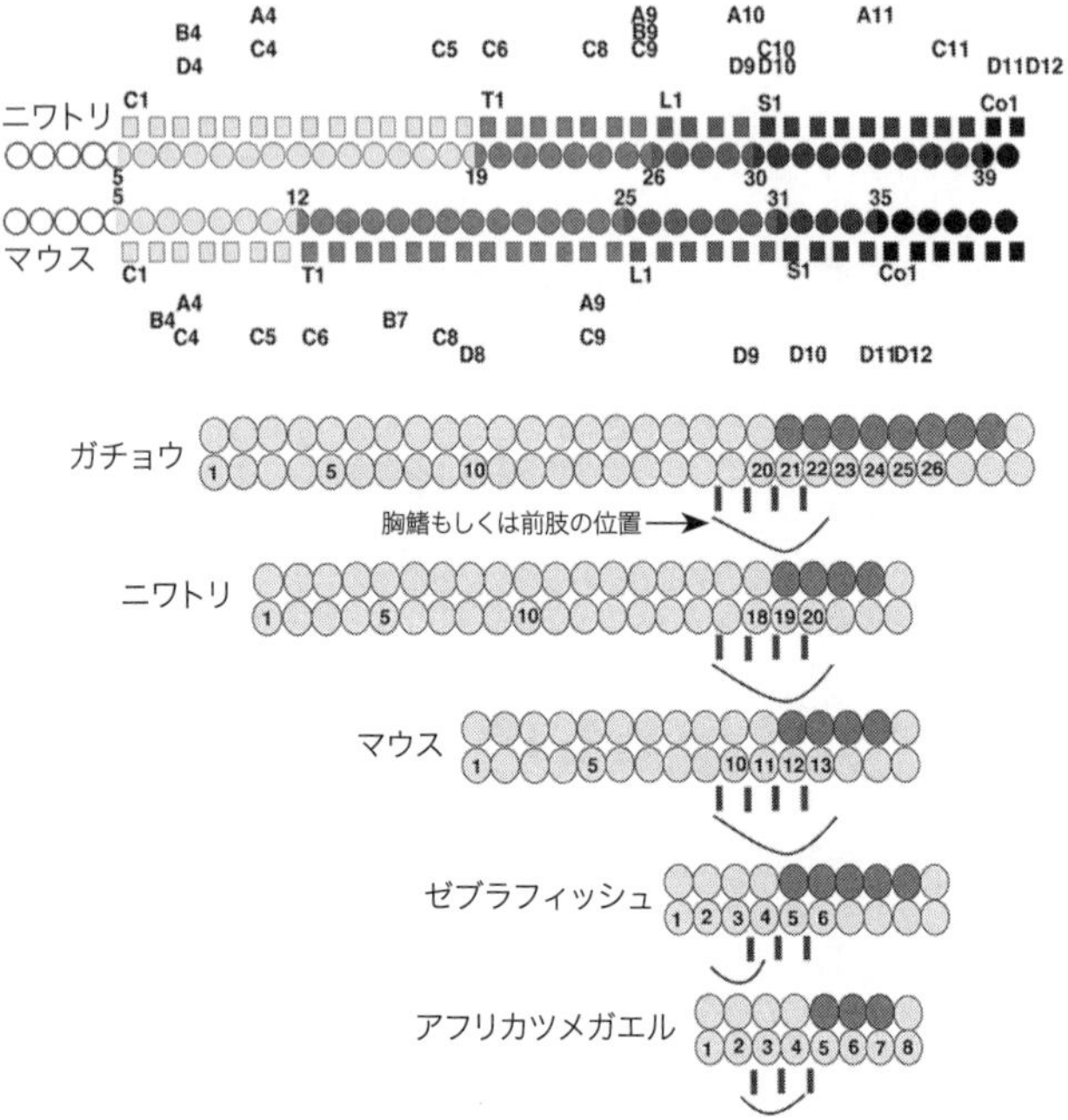

図 39　バークによる椎式と同型のホックスコード．上にはニワトリとマウスにおける体幹のホックスコードを示す．C1, T1, L1, S1, Co1 はそれぞれ，第 1 頸椎，第 1 胸椎，第 1 腰椎，第 1 仙椎，第 1 尾椎を示す．番号のついた A, B, C, D はそれぞれ，HoxA, HoxB, HoxC, HoxD 遺伝子群の前方の発現境界を示す．形態学的相同性が，同一の番号を持つ分節（体節）によってではなく，そこに発現する Hox 遺伝子の相同性によって担われていることに注意．下には，他の脊椎動物胚における頸椎，胸椎という形態学的アイデンティティが分節番号の並びの上を前後にシフトできることを示す．形態学的相同性が分子レベルの相同性に還元できる典型例．

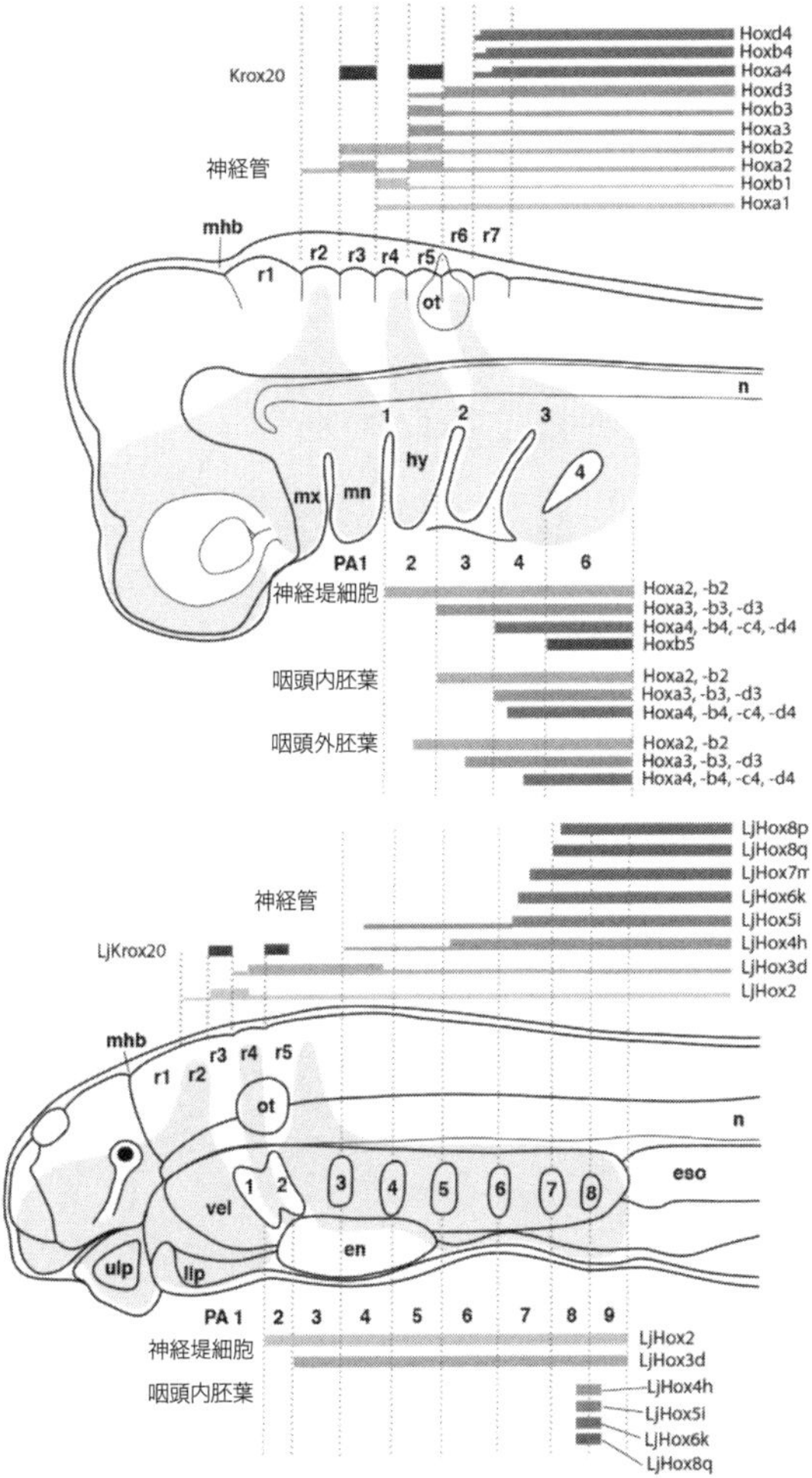

図 40　脊椎動物頭部のホックスコード．上に羊膜類の咽頭胚，下に円口類のヤツメウナギ胚を示す．

シフトは、咽頭弓の形態的アイデンティティのシフトを起こす。たとえば、第1咽頭弓には発現するホックス遺伝子がなく（これをホックスコードのデフォルト＝初期設定状態と呼ぶ）、第2咽頭弓以降には*Hoxa2*が発現し、第3咽頭弓以降には*Hoxa3*が発現するというパターンが脊椎動物の咽頭弓にはあり、それとよく似たものは円口類のヤツメウナギ胚にも見出されている。つまり、顎《あご》をつくる顎口類《がくこうるい》においても、顎を持たない円口類においても、第1咽頭弓の発生運命は、そこに発現するホックス遺伝子が存在しないことによって特異化されているのである。ここで、マウスの胚において*Hoxa2*遺伝子の機能を欠失させると、胚の咽頭弓のうち、前方の2つがともにホックスコードのデフォルト状態となる。そして実際に、本来舌骨弓として発生すべき第2咽頭弓に、一部、顎骨弓の要素が重複するのである。

脊椎動物の咽頭弓の位置価特異化システムはきわめて保守的である。とりわけ、第1から第3の内臓弓の形態的アイデンティティが位置を変えることはまったくない。しかし、椎骨の並びに関しては話が異なる。つまり、爬虫類にも哺乳類にも、頸椎や胸椎の違いは認識できるのだが、それぞれの領域を構成する分節数に違いがある（図38参照）。これは、椎骨より前方にある後頭骨をつくる体節についてもいうことができ、動物系統ごとに、後頭骨として頭蓋に参入する体節の数が大きく変異することは、マックス・フューブリンガー以来知られていた興味深い事実である。19世紀末当時は、形態的に相同な構造は、常に同じ発生原基に由来すると期待されていた（ここに、我々はベーアの「胚葉説」と同じ思考のバイアスを見てとるべきであろう）。これに関し、エドウィン・グッドリッチやギャヴィン・ド＝ビアのような英国の形態学者たちは、形態的アイデンティティは、必ずしも特定の位置にある特定の数の分節とリンクしていなければならないわけではなく、進化上、形態的アイデンティティが分節の並びを動き回ることができると主張した。しかし、それがどのように可能となっているのかについては、まったく思弁的に留まっていた。

このことに回答を与えたのが、アン・バークらによるホックスコードの動物間での比較であった（図39参照）。つまり、動物種によって、前肢の生える位置が異なるということは、体節の並びの上で頸椎から胸椎への移行が起こるレベルが異なるということ（言い換えれば、いくつの頸椎を持つかということ）と同義だが、いずれの種においても、この移行のレベルから後方に相同遺伝子 *Hoxc6* が発現するということが見出されたわけである。つまり、各椎骨の形態的同一性（相同性）は、その椎骨が何番目の体節からできるかではなく、その体節に発現するホックス遺伝子の組み合わせによるというわけである。どうやら、椎骨の相同性は、その原基に発現するホックス遺伝子の相同性に還元できるらしい。ちなみに、大宅-川嶋芳枝らによれば、カメにおいて甲羅をつくっている肋骨も、ホックス遺伝子の発現からする限り、やはり他の動物において胸椎と見なされる椎骨のレベルに生える肋骨からできるといってよいらしい。

おそらく、動物の進化発生学において、形態的相同性と遺伝子の相同性がこれほどみごとにマッチした例は他にないであろう。ここで注意しなければならないのは、ホックス遺伝子群が、脊椎動物においても節足動物においても、分節の位置価を決めることによって形態分化の方向性をセレクトする機能を持つということであり、決して分節そのものをつくり出す遺伝子ではない、ということである（分節をつくり出す機構は他に存在している、後述）。ここで、ゲーテ形態学の主要なメッセージを思い出すならば、動物の体は同じものの繰り返し（分節性）を基調とし、さらにその分節のそれぞれが場所に応じて姿を変える（メタモルフォーゼ）ということにあった。ホックス遺伝子の機能は、このうちの「メタモルフォーゼ」に必要な位置価を指定することと関係している。ここで、形態学的な概念に合致する分子的実体があることに対して、我々はむやみに驚くべきではないであろう。むしろ、ホックス遺伝子のような制御遺伝子を用いたこのような発生学的機構が存在することにより、動物の形態進化のあり方に一定の傾向が生まれ、それを感知したゲーテのような学者によって形態学的原型の認識方法がつくられてきたと理解するべきなのである。ならば、ホックスコードこそが、昔「原型」と呼ばれた概念の実体の一部ではないのか？　実際、ホックスコードは、ベーアが原型的パターンを見出したファイロティピック段階（図18参照）においてきわめて明瞭に発現するのである。

発生コンパートメントとモジュール性

脊椎動物の頭部においては、ホックスコードが体節のような中胚葉ではなく、もっぱら咽頭弓に発現することが重要である（図40参照）。つまり、頭部においては、体幹におけるように中胚葉においてホックス遺伝子が主導的機能を持つことはないようなのだ。むしろ、体幹における体節のような形態形成の土台を担っているのは、咽頭弓の中の神経堤細胞である。すでに述べたように、この神経堤細胞群は中胚葉ではなく、外胚葉に由来する。そして、神経堤細胞を含む咽頭弓列が発生学的には頭部形態の変容の基盤となっているのである。さらに神経堤細胞は、脳の原基の一部、後脳と呼ばれる部分に現れる、もうひとつの分節性とも深い関わりを持っている。

神経管に上皮性の分節を明瞭に示すのは、脊椎動物のみである。咽頭の背側に位置する後脳に見られるそれを「菱脳《りょうのう》分節――ロンボメア」と呼ぶ。そしてホックス遺伝子群はこのロンボメアを単位として明瞭に発現し、ロンボメアの境界がホックス遺伝子発現の境界ともなり、しかもロンボメアは、頭部神経堤細胞の産生の単位ともなっているらしい（図40参照）。神経管の他の部分にも似たような分節（総じてそれを、「神経分節――ニューロメア」と呼ぶ）は現れる。たとえば、前脳のそれは「プロソメア」と呼ばれ、それらのパターンは脳の基本的構築が前後に並ぶ分節繰り返し性に基づいていることを示している。同様に、脊髄には「ミエロメア」という分節が現れるが、そのパターンの発生が、脇にある体節の存在に依存していることが実験的に確かめられている。つまり、脊髄の存在する体幹においては、パターン形成において体節の分節性、すなわちソミトメリズムが、決定的な重要性を持っているのである（しかし、以前には、神経分節が脊椎動物の分節的ボディプランを体現するという学説もあった。図41）。

以上のような神経分節は、典型的な「発生コンパートメント」を示している（発生生物学におけるコンパートメントの定義には、複数のものがあるので注意）。コンパートメントとは、いわば形態的発生の単位となる細胞集団のことである。通常、ひとつの分節内の神経上皮細胞に由来した細胞は、決してとなりの分節に移動していくことはない。つまり、それぞれのコンパートメントでは、独自のペースで細胞の増殖が起こっており、その広がりが常にひとつの領

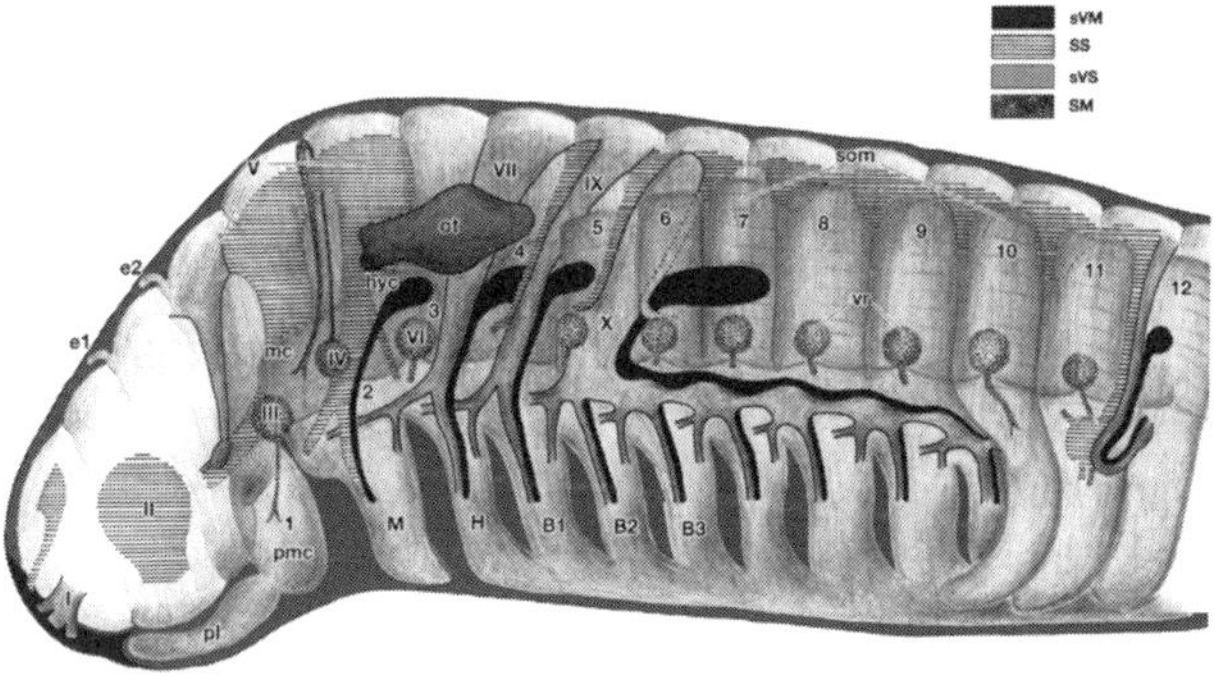

図41　ジョンストン（1905）による，神経分節に基づいた脊椎動物の分節論．脊椎動物の中枢神経が連続した神経分節（ニューロメア）からなり，ひとつのニューロメアには1セットの神経要素が揃い，完全な末梢神経の構成要素を本来備えていたと考えられた．オーウェンの原動物と同じ方針に従った形態学的理解となっている．

域に収まっており、それはとなりのコンパートメントの発生と関連していない。そのような、コンパートメントの独自の（自律的な）発生を支える要因として、コンパートメント内には一様の独特の遺伝子発現が見られ、一様の同質な細胞接着性を示し、その結果としてとなりのコンパートメントとの間に明瞭な視覚的境界がもたらされる。このようなコンパートメントの性質は、胚体の中でそれがいわゆる「モジュール」を形成し、他のモジュールとは半ば独立した発生を行うことができるということである。つまり、ひとつのコンパートメントで生じる発生プログラムは基本的にその内部で細胞自律的な性質を強く持ち、となりのコンパートメントに対して大きく影響を与えないし、他から与えられることもない。

このような胚の構築のされ方が、ホックスコードの機能するボディプラン形成とその進化において決定的な重要性を持っていることは、容易に理解することができる。たとえば、昆虫においても、分節や、それに付随した構造の位置特異的な形態的特殊化においてはホックスコードが機能している。頭部の附属肢を触角に変えるのも、第2、第3胸部体節の翅《はね》をそれぞれ別のものに発生させるのも、ホックスコードの機能である。ヤガの仲間の蛾《が》には、前翅《ぜんし》を樹皮や枯れ葉に擬態させる一方、後翅に鮮やかな閃光紋をつくり、捕食者を脅かすように進化したものが多い。容易に想像できるのは、これらの蛾の進化において、前翅と後翅の発生経路に対し、別の生態学的文脈での淘汰がかかってきたということである。つまり、前翅に対しては、目立たず、上手に枯れ葉を真似た紋様をつくり出す発生プログラムが淘汰を通じて優遇され、一方で後翅に関しては、その色をなるべく鮮やかにし、トリを撃退した個体の発生機構が優遇される。こういった進化プロセスにおいて、前翅の発生に生じた変化が、簡単に後翅の発生に影響するようでは、ヤガのように目的別にメリハリのついた翅を2対別々につくり出すことは不可能なのである。同様のことはコウモリの翼についてもいえる。脊椎動物の前肢と後肢の原基は、それぞれ別の T-box 遺伝子、*Tbx5* と *Tbx4* を発現することによって、別のものとして発生できるように組み上げられた形態発生的モジュールをなすが、このような仕組みがなければ、手と足が進化を通じて別のものに変化することがきわめて困難になる。両者の発生が互いに強く結びついていると、手の発生に生じた変化が、用もないのに自動的に足に生じてしまいかねないからだ。つまり、発生機構や胚体の中に自律的に変化することのできるモジュールを複数つくり出すことは、形態進化においてこの上なく有利なことなのである。

このような分節コンパートメントを用いた、咽頭弓形成における進化発生的戦略は、すでに述べた神経堤の自律的形態発生能と深く関係している。すなわち、ひとつの咽頭弓の中の神経堤間葉は、先に述べたコンパートメントとしての性格を持っており、それはある程度神経上皮の前後軸に沿ってホックスコードの機能を介して特異化されており（さらなる特異化には、咽頭弓の中の環境と間葉の相互作用が必要であるが）、それゆえに、ひとつの内臓弓はとなりの内臓弓とは別のものとして発生でき、同じ仕組みの元に、それぞれの内臓弓は別のものへと形態的に進化することができる。つまるところ、ゲーテの幻視した分節的な形態的「変容」の内訳とは、このような進化発生学的仕組みなのである。そして、胚体の各領域で、決定的に重要な単位となっているモジュールは、体幹では体節、頭部では咽頭弓であり、これらが胚の各部で異なった形態形成的拘束を発揮し、脊椎動物の形をつくり、進化させていく。この意味でローマーのいう二重分節説は正しく、体幹と頭部を同等の分節性が支配すると考えた頭部分節説は限りなく誤りに近いのである。

振り返れば、比較形態学や比較発生学の歴史は、動物の解剖学的成り立ちや、それが進化する規則性を抽出することを通じて間接的に、胚の進化発生的モジュール構成を感知する試みであったといえよう。イデア論的原型に従って多様化するのではない。発生の機構の中に成立した法則性のゆえに、観察者の認識に原型が生まれてしまっただけの話なのである。およそ、構造主義的考察の対象となるあらゆる現象の背景には、生物進化と同じような変容と多様化の過程が控えている。話を進化に戻すなら、比較形態学の基本的な方法論の中にも、発生の仕組みは見え隠れする。たとえば、19世紀後半ドイツの進化解剖学者、ゲーゲンバウアー（ヘッケルの盟友であった）は、動物のボディプランを形式的に記述するにあたって必要となる概念として「一般相同性」を立て、その中に次のようなカテゴリーを認めている（図42）。

・同型（Homotypie）
・同能（Homodynamie）
・同名（Homonymie）

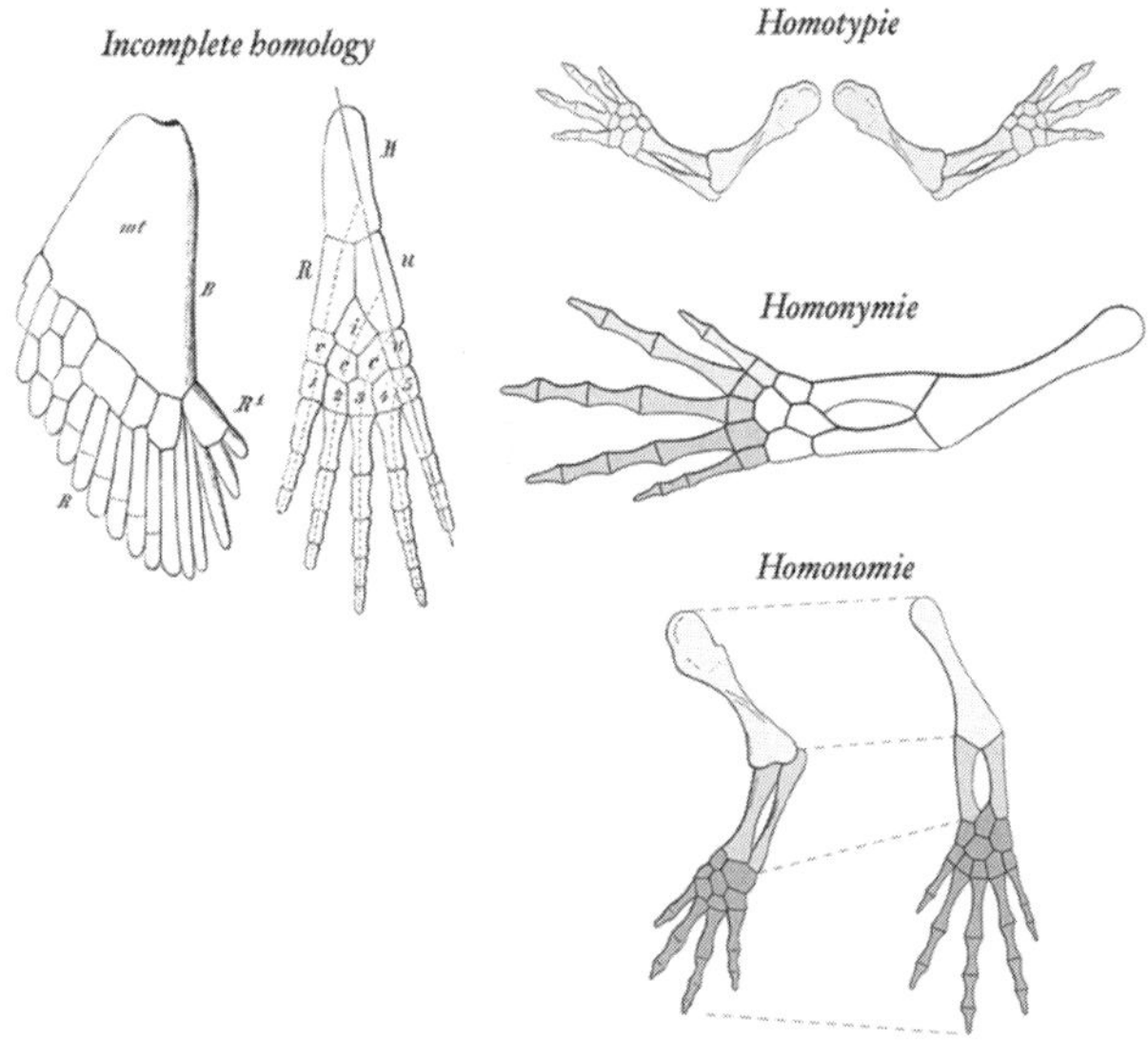

図 42　相同性と発生的モジュール構成．左は不完全相同性の一例として，胸鰭《びれ》と腕を示す．腕に見られるパターンのすべてが胸鰭の中に見出されるわけではない．右は，同型（Homotypie），同名（Homonymie），同称（Homonomie）の例を示す．それぞれの相同性の背景には，確固とした発生機構が分子レベルで存在している．

・同称（Homonomie）

これらのうち、「同型」は、ひとつの体の中に複数の同じものが、互いに比較可能な位置を占めている関係をいい、左右の腕や眼、鼻の孔のように、左右相称動物の体のほとんど（とりわけ、中胚葉由来の構造）にそれを見ることができる。「同能」はすでに述べた系列相同性に相当し、ひと連なりの分節繰り返しパターンの構成要素と、その派生物にそれを見る。「同名」はひとつの分節単位の中に見られる、より下位のレベルでの分節単位同士の関係を指し、たとえば、顎に生えた歯のそれぞれに見られる関係である。「同称」は、系列相同のひとつとも見ることができるが、四肢の遠近軸に沿って現れる要素の関係が典型例である。内臓弓骨格の背腹軸に見る要素の関係もそのひとつと考えることができ、それを分化させるのは咽頭弓間葉に発現するホメオボックス遺伝子群 Dlx である。

このように見ると、ゲーゲンバウアーが分類した形態学的相同性の各カテゴリーは、それぞれ特定の分子発生学的なパターン形成機構と相関していることがわかる。何より、比較形態学を成り立たせていたといって過言ではない「同能」の概念は、ホックスコードが機能するところの系列相同性の認識そのものであり、それはホックスコードの発見が現在の進化発生学を事実上生み出したという背景と見事な鏡像関係を示している。ホックスコードはまた、同名や同称関係にある構造の特異化にも関わっており、これと似たような機能は、前肢と後肢の特異化に関わる *Tbx5,4* 遺伝子、上顎と下顎の形態的分化をつかさどるもうひとつのホメオボックス遺伝子群、Dlx 遺伝子からなる Dlx コードにも見ることができる。ホックスコードが前後軸に入れ子状の発現を示すように、咽頭弓の背腹に入れ子状の発現を示すのがこれらの遺伝子であり、咽頭弓の背腹の関節部より腹側に発現する *Dlx5* と *Dlx6* の機能を同時に失わせると、下顎の形態が上顎のものにトランスフォームするのである。

このように、形態要素の相同性を定めるタイプの特異化現象（その多くはファイロティピック段階以降に起こる）に機能する遺伝子の多くは、ホメオボックス遺伝子か、あるいはそれに似たスイッチ機能を持つ転写調節因子をコードする遺伝子群であり、それはしばしば明瞭な境界や輪郭を伴う領域特異的な発現を示し、これらの遺伝子の機能を乱す実験はしばしば、ベイトソンが「ホメオティック突然変異」と名づけたものと同質の表現型をもたらす。つまり、動物の体の形態進化には、このような、たかだか可算個のモジュールと、その基本的特異化に関わるマスターコントロール遺伝子の機能からなる、いわば「変異枠」のようなものが設定されており、その中で進化的多様化が進行する限り、観察者には特定の形態進化の傾向であるとか、分類群であるとか、それでも決して変わらない根源的パターンのようなものを感知せずにはいられない。つまり、ゲーテやジョフロワのような形態学者が自然の中から感じ取ったものの正体はこれであり、それは進化が決して無方向に、一様な形態進化を行っているわけではないことを如実に物語っている。つまり、この世の動物がまっとうな発生プログラムに従って進化する限り、ペガサスが飛ぶことも、この世に天使が降臨することも不可能であり、そしてこの世があらゆる形態の変化で埋めつくされることもまた不可能なのである。

（注5）系列相同物とは、繰り返しのパターンを持つ一連の原基から発した構造同士の関係。典型的には魚類の顎とエラは、ひと続きの咽頭弓より発した系列相同物であり、同様に、一連の椎骨列が分化した頸椎と胸椎も互いに系列相同物である。上肢と下肢（前肢と後肢）が系列相同物ではないというのは、これらの「肢」が、一挙に繰り返しパターンを持つ構造として同時にできたのではなく、前肢の前駆体である胸鰭だけがまず生じ、そのあとで二次的にコ・オプションとして腹鰭が後方に移植されたということを述べているのである。

（注6）椎式（vertebral formula）とは、脊柱を構成する椎骨の各要素、すなわち頸椎、胸椎、腰椎、仙椎、尾椎が、それぞれいくつずつ存在するかを示した式である。ヒトでは、7：12：5：5：3〜5となる。進化発生学的には、胸椎と腰椎を明確に区別することは適切ではないとの考えもある。同様のものとして、顎にどのタイプの歯（切歯、犬歯、小臼歯、大臼歯）がいくつずつ並ぶかを示したものを「歯式」（dental formula）という。有胎盤類の基本歯式は、上下顎とも3：1：4：3（合計44本）であり、これが系統的にさまざまに減少することが認められるが、クジラ以外では増えることは原則としてない。ただし、有袋類の歯式はこの限りではない。

第5章
動物の起源を求めて

前章で見たように、動物が祖先から受け継いできたツールキット遺伝子を保持し、祖先に成立した基本的発生プログラムに従って発生を行う限り、多様な動物もある程度の共通のプランに従って、その範囲内に拘束されつつ変貌を遂げるしかなかったことになる。ならば、左右相称動物の起源となった、共通の動物の姿を現在の知見から復元することはできるだろうか。このような発想の試みは、実はハクスレーが軟体動物の原型を探し求めたときの方針と非常に近い。すなわち、分岐した系統のそれぞれにおいて二次的に獲得されたような、あらゆる派生的形質を削ぎ落とし、原始形質の寄せ集めとしての、最大公約数的な動物の姿を原型として考えたらどうか、というのである。それが、形而上学としてではなく、実際の具体的原型（事実上の共通祖先）を想像するためのハクスレーの方法だった。

全動物の祖先を復元する?

現在の進化生物学研究の流れの中で、動物の共通祖先を考えようという最初の試みは、ジョナサン・スラックらが1990年代の半ば、「ズータイプ」と名づけた仮想的な動物の一次構築プランに見てとることができよう(図36参照)。ショウジョウバエと脊椎動物に共通して用いられるホックス遺伝子群は、それまで前口動物と後口動物が、まったく異なった形態形成様式でつくられた互いに異質の動物であると信じてきた多くの動物学者たちに、驚きをもって迎えられた。しかし、そののち、この同じ遺伝子クラスターが、他のおもだった動物門にもあまねく存在していることが知られてきた。さらに、ゲノムレベルの解析も進み、二次的にゲノムが2回重複して4つのホックスクラスターを持った動物から進化した脊椎動物(これには円口類も含められる)を例外とすれば、どの動物も互いにほぼ等しい内容の発生制御遺伝子のセットを持っているらしいということがわかりはじめた。つまり、ナメクジウオと昆虫のようなレベルの左右相称動物をつくり上げるためには、ほぼ同等の種類と数の制御遺伝子群のレパートリーがゲノムに揃っている必要があり、なかでもひとつのホックスクラスターは必須であるということだ。言い換えるなら、前後軸を持ち、3つの胚葉をベースにして初めて左右相称動物をつくることができるのであり、それを発生を通じてまっとうするにはある一定の内容を持ったゲノムが必要なのである。そして、その現れのひとつとして発生中の胚にホックスコードが現れるのは、まぎれもなくそれが一般の（サンゴやクラゲのような段階ではなく、左右相称動物の祖先に由来した、れっきとした）「動物であること」のあかしなのであると考えられた。その意味で、ホックスコードを伴った前後軸を備えた胚は、動物の胚であることを体現している――ズータイプを持つのだと考えられたのである。

さらに最近になって、アンドレアス・ヘニョールとマーク・マーティンデイルは、90年代以降蓄積した進化発生学の発見を総合し、「仮想的原左右相称動物、すなわちウルバイラテリア」の発生的ボディプランをより詳細に、かつ解剖学的に復元したことがある（図43）。それによるとその動物は、（1）前後軸上に分節を持ち、それがホックスコードによって前後軸上の位置価を付与され、（2）*sog/dpp* の相同遺伝子産物の拮抗作用が背腹軸を特異化し、（3）体軸の後方は *evx, cdx* 相同遺伝子が特異化し、（4）*otx, emx, six3/6, Hox* 相同遺伝子群が特異化する中枢神経（脳）を持ち、（5）*Pax6, rx, opsin* 相同遺伝子が眼をつくり、（6）*tinman* 相同遺伝子が心臓をつくり、（7）*hairy, engrailed, notch/delta* 相同遺伝子によって分節が体軸上に形成され、（8）*HNF3β*, GATA factor, *goosecoid, brachyury* 相同遺伝子群が内胚葉（消化管）を領域的に特異化し、（9）*Distal-less/Dlx* 相同遺伝子群が、附属肢に似た突起を形成していたのだ

後口動物と前口動物の最終共通祖先としてのウルバイラテリア

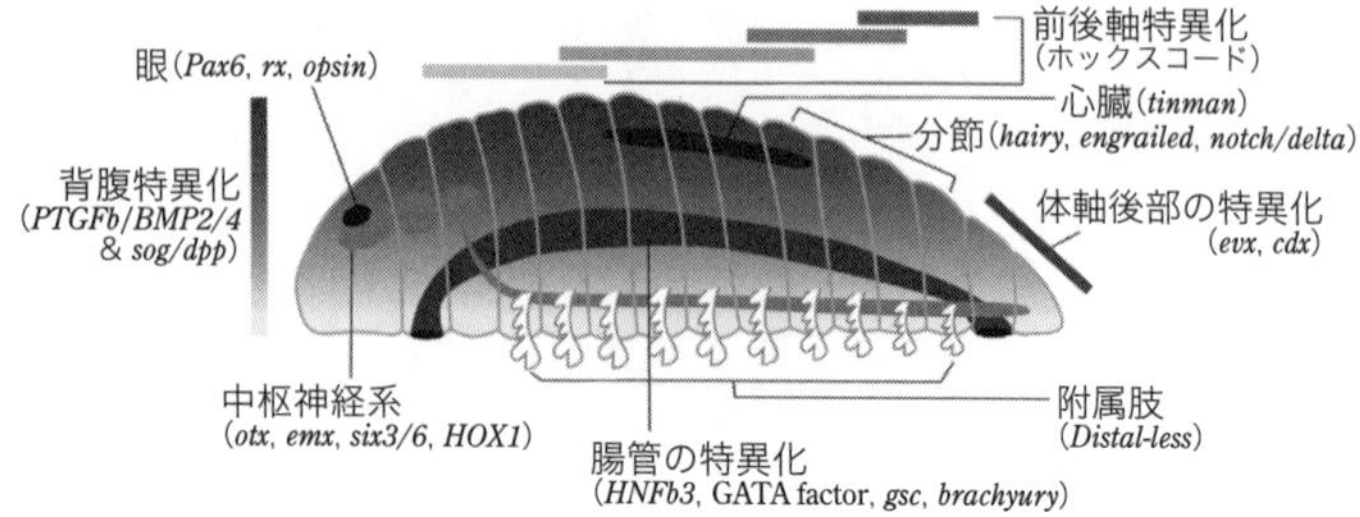

無腸類の原始形質を考慮したウルバイラテリア

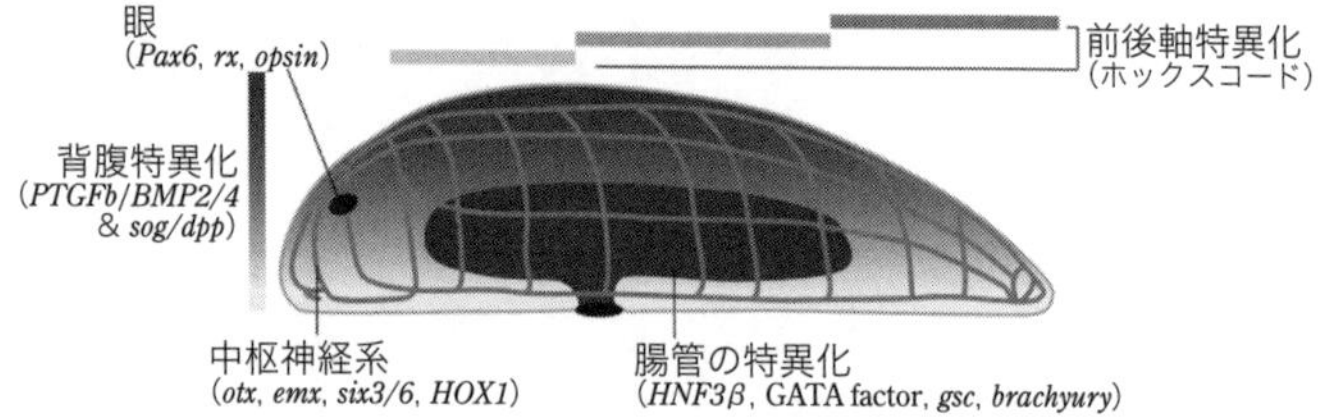

図43　ウルバイラテリアの2バージョン．上では分節的な仮想祖先が想定され，下はウルバイラテリアが無腸類段階にあったことを想定している（無腸類バージョン：161ページ参照）．下の仮説は，無腸類の系統的位置とともに見直されなければならないのかもしれない．

という。

これによれば、我々と昆虫の共通祖先は、いわば不細工な太ったゴカイのような動物で、それはすでに分節性を持ち、さらにその附属肢はひょっとするとガスケルの考えたように、我々のエラと相同なのかもしれない。しかし、これを鵜呑みにする前に、もう少し考えてみる必要はありそうだ。何より、これは本来もっと抽象的であるはずの保存された遺伝子機能を、かなり無理して視覚化したものである。そして、まだ十分に相同性が確定していないものがこの中に含まれている。百歩譲って、動物門全般にわたり、共通した遺伝子機能の結果としてもたらされる眼や心臓が、たとえ脊椎動物に見るような器官としてではなくとも、進化的前駆体として、いずれかの祖先的動物においてすでに存在していたと仮定してもよかろう。しかし、それでもなお疑わしい構造がひとつある。つまり、それが「体節」（あるいは分節）である。

ここで、ひとつ興味深い事実がある。左右相称動物の共通祖先には、実は分節性がなかったという説もあるのだ。つまり、前口動物と後口動物が分岐する前に存在していた左右相称動物として、現在でも生きている「無腸類」が候補に挙がったことがあった。これはきわめて単純な体制を持つ動物で、前後軸と背腹軸はあるのだが、解剖学的に繰り返し構造のようなパターンは見られない。そこで、ヘニョールとマーティンデイルは、ウルバイラテリアの「無腸類バージョン」を提出した（図43下参照）。これはかなり簡素化した模式図で、先のバージョンがあまりにも環形動物や節足動物を思わせるのと対照的である。重要なのは、このような状態から後口動物が派生したとすれば（それは前口動物についてもいえることだが）、「その分岐の直後には分節性がなかった」というシナリオも十分に描けるわけである。そして、それは後口動物の二分岐、すなわち分節のない歩帯動物（ギボシムシなどの半索動物と、その姉妹群である棘皮動物をひとまとめにした単系統群のこと）と、分節を持っている脊索動物における対立する形質状態のうち、「分節がある」ことが派生的であるとする変化のポラリティを支持することになる。なぜならこの場合、第3章で紹介した分岐学の手法を用いれば、外群の形質状態が無腸類のそれに相当すると考えられるからだ（外群比較）。あるいは、無腸類が二次的に分節を失ったという可能性も十分にあり得る。すると、後口動物において歩帯動物のほうが二次的に分節を失ったというシナリオが現実味を帯びはじめる。このような比較においては、むやみに最節約性を求めてもはじまらない。対立する仮説がそれぞれに重く、かつ確からしいからだ。ちなみに、無腸類は、どうやら謎の系統とされてきた「珍渦虫《ちんうずむし》」と近縁であるらしい。そしてこれら2つの系統からなる単系統群は、場合によっては後口動物の枝から派生するかもしれないと、最近では指摘されている。これが正しいとすると、ふたたび後口動物の祖先として無分節の動物を考えなければならなくなる。さらにそれは、原口や口の開口する方向などについての再考をも迫ることになるだろう。ボディプランの進化の理解が、確固とした系統関係や、緻密な発生機構の解析とともになければならないことを、この例は如実に示しているのである。

体節の起源は？

以前は動物の分節形成についての理解は、ショウジョウバエにおけるそれに大きく頼っていた。ショウジョウバエの胚に分節原基（これをパラセグメントという）が成立するにあたっては、分節ひとつおきに発現して、分節の偶奇性を決定するペアールール遺伝子、そして分節境界を決定しつつここの分節の極性（前後）を正しく定めるセグメントポラリティ遺伝子が機能する。しかしこのような分節形成に関わる遺伝子の機能は、動物界全体にわたって広範に共有されているものではなく、昆虫の間においてすら保存されていない。どうやら、ペアールール遺伝子は節足動物特異的な分子機構であり、セグメントポラリティ遺伝子については前口動物特異的な仕組みの一部を構成していると考えたほうがよいらしい。

すると、左右相称動物において、最も原初の分節化機構として浮かび上がってくるのは、DeltaとNotchという遺伝子にコードされたタンパク質に基づく細胞間のシグナル伝達に依存した機能である。このシグナルが分節化時計遺伝子と呼ばれる一群の遺伝子を制御し、それらの発現が1サイクル回るたびにひとつの分節がつくられる。この分子機構はそもそもニワトリの発生において、体節を分節化していく分子的要因として、発生学者オリヴィエ・プルキエらによって発見されたものである。分節する前の脊椎動物胚の中胚葉には、一定の時間間隔で寄せては引く波のように分節化時計遺伝子の発現領域が移動し、そしてその波の1回につきひとつの体節が、波打ち際に（前から後ろへと）順次つくられていくのである。ちなみに、このような（脊椎動物にとって）究極的ともいえる分節関連遺伝子のマーカーが、頭部中胚葉では分節的に発現しない[7]。この分節化機構はショウジョウバエでは知られていなかったが、クモには存在することがわかり、左右相称動物全般にもともと共有されていたのではないか（分節を持った最初の動物がこの仕組みを使っていたのではないか）と推測されるようになったのである。

分節性という、動物のボディプランにとってはきわめて一次的な、そして発生の早期に起こるパターンが、実は驚くほど多様な進化を遂げているのはいまや明らかである。このことは、昆虫というひとつのグループをとっても、バッタのような短胚型とショウジョウバエのような長胚型という、極端に異なった分節形成様式が知られることからもうかがうことができる。どうやら、分節の形成はきわめて融通の利く現象であり、それだけに進化的な起源を問いかけるのは困難である。このような状況を前に立てることのできる仮説は限られている。ひとつは、左右相称動物の分節性が、ただ一度獲得された相同的なものであるということ。あるいは、分節性が複数回独立に獲得され、共通の分子機構が働いているように見えるのは、二次的なコ・オプションの結果であるというシナリオ。さらには、共通祖先においては、何か深層的な分節

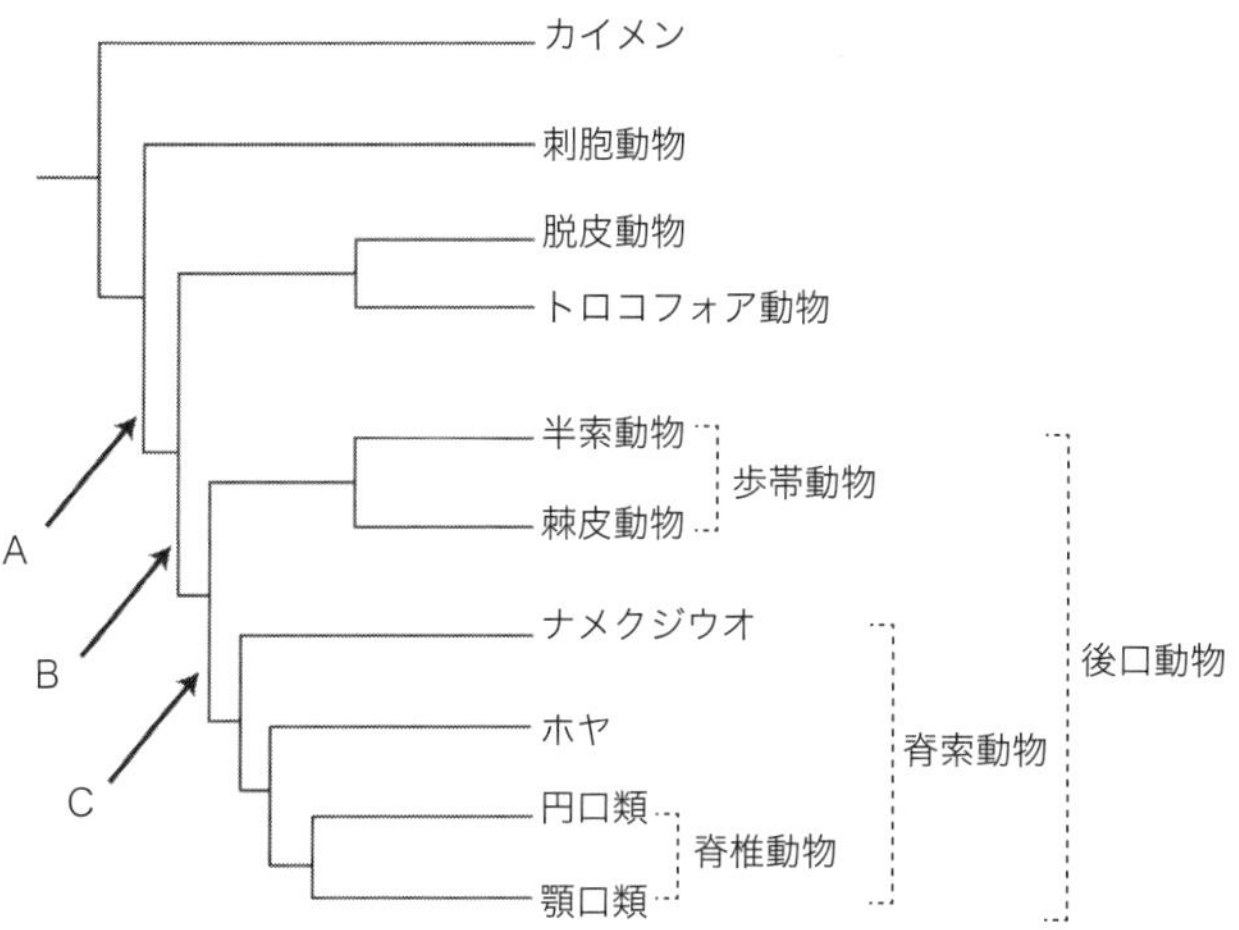

図 44　脊椎動物の分節性の起源についてのいくつかの可能性．すべての左右相称動物における分節性が相同であるという仮説（A），後口動物の分岐ののちに独自の分節性が進化し，歩帯動物においてそれが二次的に失われたという仮説（B），脊索動物の分岐後において独立に分節性が得られたという仮説（C）を示す．

性が存在したが、それが異なった形で各動物に受け継がれているという可能性、である（図44）。どれもありそうなシナリオであるが、いまのところ決着はついていない。前口動物の中には、分節性を持つものと持たないものがあり、それだけで、分節性の起源が何度も独立に生じた可能性があるように見えるが、最近明らかになった動物門の間の系統関係を加味すれば、比較的少数の二次的喪失だけでも説明がつくということも、ここに付記しておく。

胚の形からボディプランの進化

を解釈しようとする試みは古くから行われていた。いうまでもなく、ヘッケルの反復説もそのひとつとして考えることができるであろう。しかし、「個体発生は系統発生を繰り返す」という単純な公理を素直に認めない向きも当然多かった。実際、現実の発生過程がそのように進まないことについてはヘッケル自身も認めていて、彼は「ヘテロトピー（異所性）」と「ヘテロクロニー（異時性）」という概念をつくり上げている。

ヘテロクロニーとヘテロトピー

「ヘテロトピー」とは、「進化において発生の場所が変わること」を意味するが、これはもっぱらベーアの胚葉説の説く原理が破られることを意味していた。つまり、進化の過程で「内胚葉に由来した生殖細胞の起源が中胚葉に移行した」とか、脊椎動物の頭部形成に見るように、「本来中胚葉に由来するはずの骨格形成の能力が、外胚葉に由来する神経堤細胞にも付随するようになった（顔面やエラの骨格のように）」といわれるような現象を指す。現在の進化発生学ではしかし、より局所的な発生現象について、「細胞同士の位置関係が変わることで特定の誘導的相互作用（脳の原基の一部が、表皮にレンズを誘導するような）が形態的にずれた場所で起こるようになること」のような意味で用いられることが多い。無顎類状態から、顎が形成される場合、哺乳類において鼓膜の位置が変化する場合などに、この概念が当てはまる。いずれにせよ、固定していた器官の相対的位置関係がずれ、結果として相同性が破壊され、それに伴って祖先には見出すことのできない進化的新規形態が現れる機構のひとつとして理解されている。ヘッケルもまた、原型的なボディプランや発生パターンが保存されることをデフォルトとして見ていたのである。

反復説にとっての例外的事象として、より重要な概念は「ヘテロクロニー」のほうである。これは、「進化において、発生のタイムテーブルがシフトすること」を意味する。ただし、祖先に比べて発生のタイミングが一様に変化しただけでは、新しいパターンは生まれない。したがって、このようなシフトが胚の発生全体にわたるか、あるいは胚の一部に作用するかで結果は変わってくる。たとえば、体全体に比して、くちばしの原基における増殖期が長引けば、その動物のくちばしは他のトリに比べてより長大になるであろう。このように、ヘテロクロニーは一般に、胚発生の一部に関わる「部分ヘテロクロニー」について述べたものがほとんどである。ヘテロクロニーに関するもうひとつの問題は、（アンモナイトや三葉虫《さんようちゅう》のように、化石を通じて成長過程を推し量ることができる少数の場合を除いて）祖先における胚発生のタイムテーブルを知りようがないというジレンマである。したがって、ヘテロクロニーは現生の動物の発生プロセスを比較し、それによって進化的にヘテロクロニーが生じたらしいと、間接的に推定するより他はない。いずれにせよ、ホールが要約したように、ヘテロクロニーはしばしばその結果としてヘテロトピーを惹起し、したがって、ヘテロクロニーとヘテロトピーは互いに手に手を取って、子孫の発生パターンを変えていくと考えられるのである。

このヘテロクロニーには、さらにいくつかの異なったタイプのシフトが分類される。それを形式化したのが、ド＝ビアである。ド＝ビアは部分ヘテロクロニーのタイプとして、

・発生の途中や幼生型のみを変更させる「変形発生」
・胚発生期の途中の変更が以降の変形につながる「逸脱」
・幼形のまま性的に成熟する「ネオテニー」
・祖先の形質が痕跡的となる「退縮」
・個体発生の最後の相に変化が生じる「成体変異」
・祖先の発生過程の最後の形質が発生の遅延により痕跡的となるか、あるいは消失する「遅延」
・祖先の発生過程に新たな発生過程が付け加わる「過形成」
・祖先の形質が発生上出現することが早まり、成体となる前に消失する「加速」

などを区別した。これらのうち「変形発生」を除くすべてのものは、多かれ少なかれ、ヘッケル的反復モデルの中ですでに述べられている現象である。なぜなら、ヘッケル的反復においては、祖先の最後の相に変化が付け加わり、全体として発生過程全体が「圧縮」されて子孫の発生過程がつくられるとされているからである。したがって、そもそもド＝ビアのいうヘテロクロニーの多くはヘッケルのいう意味での発生反復なのである。また、ネオテニーも決して例外的な現象ではないことになる。発生プロセスに見る分岐のタイミングが、進化的系統の分岐の段階を反映するのであれば、それによって生じた2つの子孫系統の片方は、他に対して過形成のように見え、もう片方は逆にネオテニーを起こしているように見えるからだ。あるいはまた、「変形発生」といえどもそれは、反復に対するアンチテーゼとすらなっていないかもしれない。というのも、ヘテロクロニーの好例として持ち出される羊膜類の「羊膜」は、進化の過程で後期になって得られた形質であるにもかかわらず、胚発生の初期から現れるとしばしば指摘されるが、これは祖先的羊膜類においてそれが得られたときにすでに発生早期から現れていたに違いない。これはむしろ変形発生の一例としての、一種の幼生器官の付加にすぎないのである。

反復説に対する反論として、比較発生学者のウォルター・ガースタングによる「個体発生は系統発生を繰り返すのではない、それをつくり出すのだ」という言い回しは、ヘッケルを嫌う英米圏であまりにも有名だ。しかし、これは必ずしも本質を言い得ていないばかりか、皮肉としてもかなりお粗末な代物であるといわねばならない。「進化は発生プログラムの変化の結果だ」といっているにすぎないからだ。むしろ重要なのは、発生過程もまた淘汰の標的であり、それは進化を通じて整備されてきたということなのである。それが祖先に成立した発生拘束をどのように守り、打ち破って新しい適応帯に達し、多様化を果たしたかを探り出すのが進化発生学である。このガースタングは、ホヤのオタマジャクシ幼生（図32参照）がネオテニー的進化をすることによって脊椎動物が成立したと考えた学者であった。成体となった固着性のホヤとは異なり、遊泳性のホヤのオタマジャクシ幼生には、脊索があり、その両側に筋肉があり、背側正中を中枢神経が走るという、脊椎動物の基本的ボディプランとの共通項をいくつか見出すことができるのである。

戦後、脊椎動物比較形態学のスタンダードとして長らく君臨してきたローマーとパーソンズの教科書 *“The Vertebrate Body”*（邦訳：『脊椎動物のからだ』法政大学出版局、１９８３年）には、このガースタングのモデルをベースにした脊椎動物の進化シナリオが図示されている

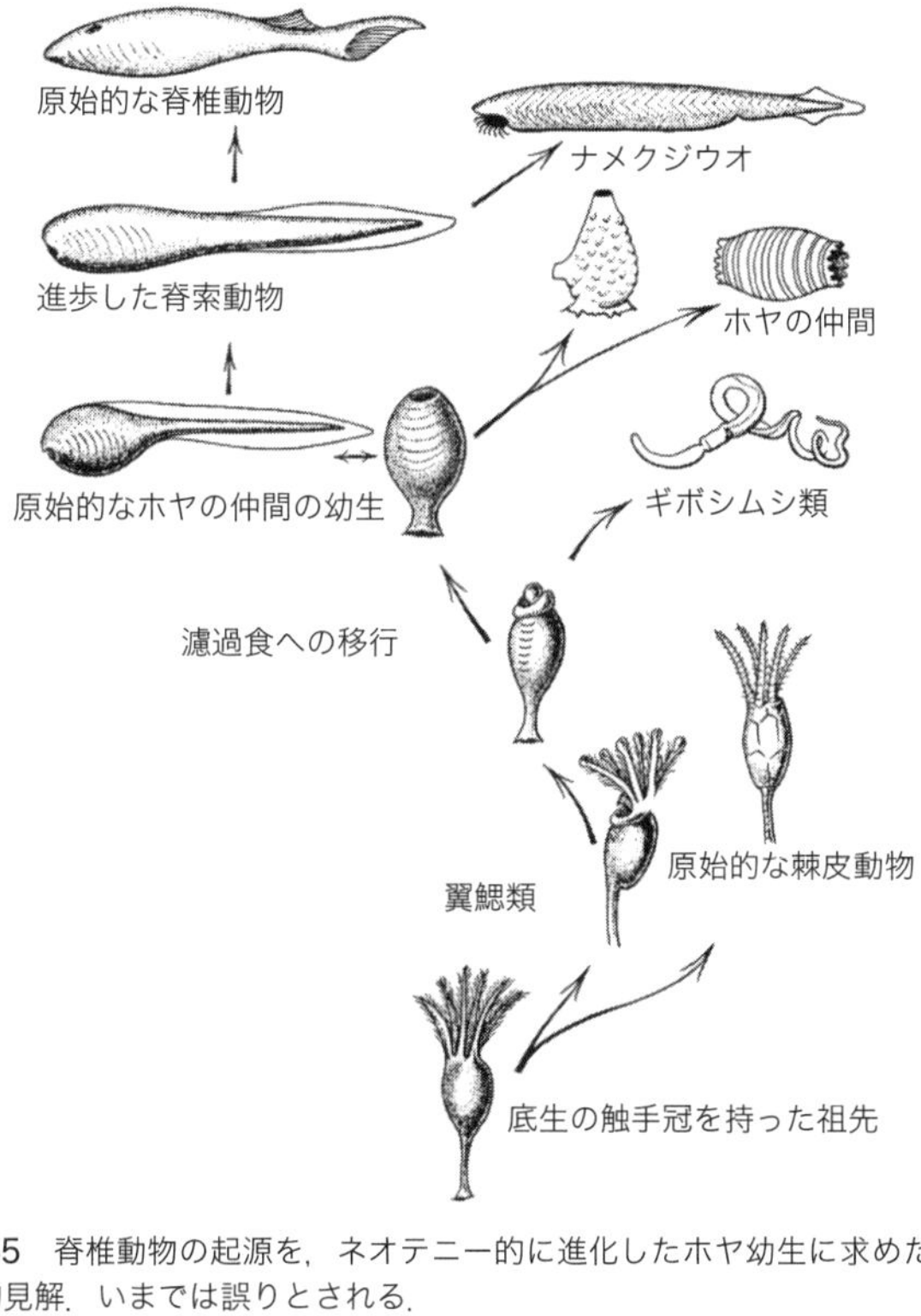

図 45　脊椎動物の起源を，ネオテニー的に進化したホヤ幼生に求めた古典的見解．いまでは誤りとされる．

(図45)。これによれば、脊椎動物の遠い祖先は、底生の触手冠を備えた動物であり、これが現生のフサカツギ(半索動物の1グループ)のような系統と、棘皮動物の系統を産み出した。そのうち前者が新しく鰓孔《さいこう》(えらあな)を獲得し、咽頭による濾過食がここからはじまった。この段階の動物群からは二次的に自由生活型のギボシムシのような動物も派生したが、それが脊索動物になることはなく、あくまで底生の動物が主流となって現生のホヤの仲間へと進化していった。そしてこの動物の生活史に現れるオタマジャクシ幼生がそのまま性的に成熟し、生活史を回しはじめ、それがナメクジウオのような段階を経て、現在の脊椎動物となったというわけである(図32参照)。

しかしこのようなシナリオは、現在の系統関係の理解とははなはだしく矛盾しているため、もはや却下するより他はないということになっている。すなわち先に述べたように、棘皮動物と半索動物は姉妹群であり、半索動物の中にフサカツギとギボシムシが含まれている。その棘皮動物と半索動物の分岐は脊椎動物の外で起こっているので、フサカツギの仲間の内群として脊索動物が生じることはもはや不可能である。さらに、現在の分子系統学的解析では、ナメクジウオよりもホヤのほうが脊椎動物に近いという結果が得られている。したがって、ホヤのような動物が進化する前に、すでに脊索動物のいわゆる「オタマジャクシ体制」に相当する形態パターンはでき上がっていたはずであり、ホヤのネオテニーによって脊椎動物が進化したというよりも、むしろ脊索動物の基本体制が獲得されたのちに、一種の過形成を通じてホヤが独自の固着生活への進化の道へ向かったと考えるべきなのである。

幼生形態から脊椎動物を導く

いま争点は、脊索動物に特異的なオタマジャクシ体制、脊索と背側の神経管、そして腹側の消化管と外側の筋節という基本パターンがどのように獲得されてきたかということに絞られている。これに関しても、ガースタングは19世紀の終わりに興味深い説を提唱している。つまり、棘皮動物の幼生（ディプリュールラ幼生型の一種）から、脊索動物のボディプランを導き出そうというのである（図46）。

この「アウリクラリア幼生説」によると、口の開く側（口側）に存在していた繊毛帯（図46参照）が反口側に巻き上がり、神経管を消化管とは逆の方向に形成する、というプロセスが脊索動物の基本体制を導いたのだという。これによって、口側に消化管が、反口側に神経管ができ、しかもこのように変形させると、脊椎動物の初期胚に現れる消化管（原腸）と神経管を連絡する神経腸管（脊椎動物の胚には一過性に現れる）の存在もうまく説明することができる。

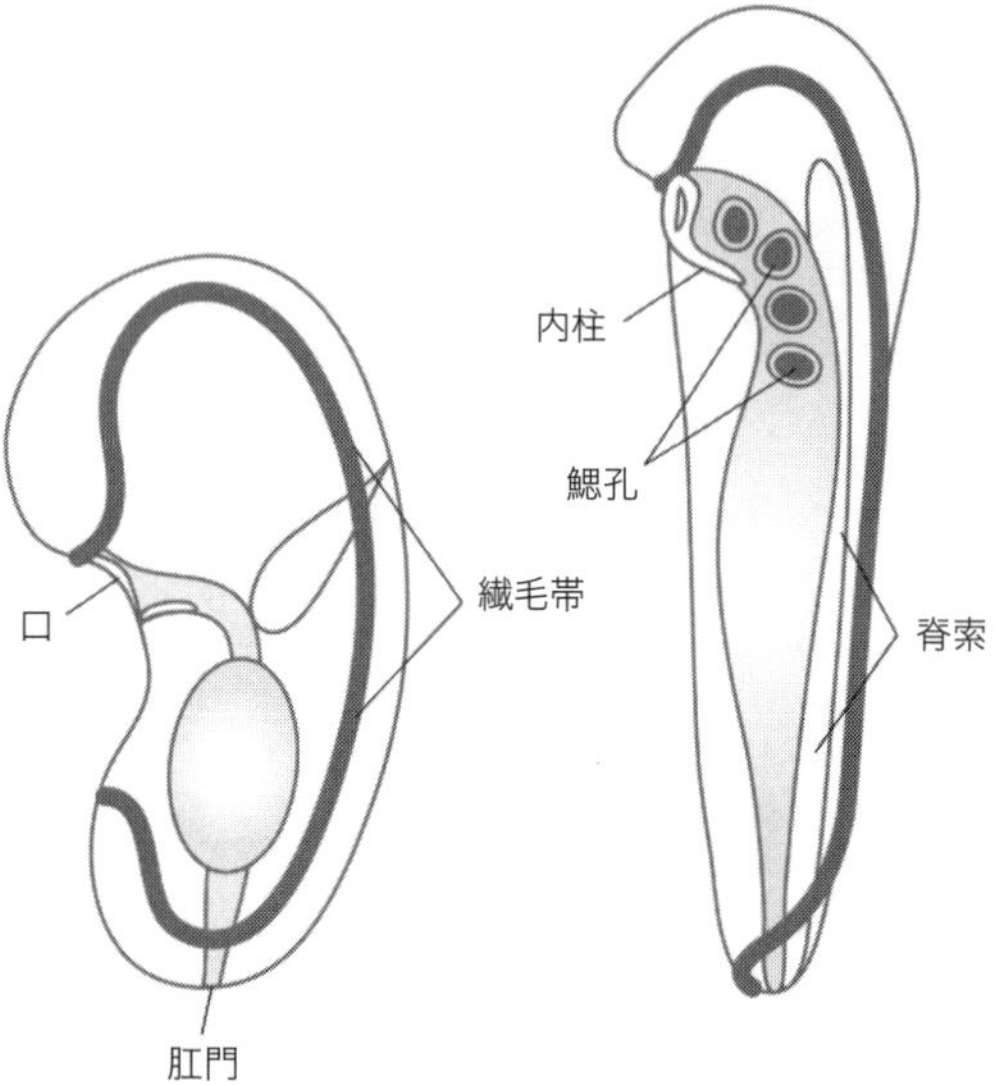

図 46　アウリクラリア幼生説．左がアウリクラリア幼生．この幼生の繊毛帯が反口側へ移動し，脊索動物の祖先（右）における神経管をつくったと考えられた．

脊索の出現こそ明瞭に説明しないものの、このようにして整合的に脊索動物を導いたガースタングのこの説は、長らく脊索動物の起源を説明するものとして引用されることが多かった。しかし、ここに思わぬ伏兵が存在した。このモデルでは、脊椎動物の進化に先立って、背腹反転が生じないことになってしまうのである。この矛盾は、いったいどうすれば解消できるのだろうか。

ガースタングの説の弱点を解消するために、クラウス・ニールセンは、このような幼生の繊毛帯が反口側ではなく、口側に収束するモデルを考えた。すなわち、このようにして背腹反転を行うと同時に、新しい口を反口側に開口させれば、実際のボディプランと整合的なパターンが得られるというのである。ディプリュールラ幼生でも、トロコフォア型幼生でも、大きく頂毛周辺と繊毛帯に繊毛の密集する部域が2か所（か、それ以上）あるが、これらが脊索動物の中枢神経系の2つの独立した原基となることに注目すべきかもしれない。なぜなら、刺胞動物のような祖先型から、あたかもヘッケルのように、すべての左右相称動物を導いてしまおうというデトレフ・アレントらの説、そして、環形動物と脊椎動物の中枢神経系を比較したデルスマンの説など、脊椎（脊索）動物の中枢神経が2つの独立した原基からなるという説は、過去に何度か提唱されたことがあるからだ。

動物すべてを説明する

アレントらが膨大な文献と自ら得たデータをもとに構想しているのは、すべての動物のボディプランを系統樹の上で結びつけようという試みである。それは、古くからの多くの比較形態学者たちの夢であったし、現代の進化発生学者たちも同じものを目指している。そして、「個体発生がある程度の反復的効果でもって祖先のボディプランを再現する傾向がある」というのであれば、刺胞動物を出発点とするアレントらのモデルも優れて比較発生学的ということができる。

彼らによれば、最も一次的（祖先的）なパターンは、仮想的な刺胞動物と左右相称動物の最後の共通祖先、グレード的にいえば、前・左右相称動物的段階に現れているという。彼らが「ニューラリア」と呼ぶこの段階では、神経系が頂部と周口部の2か所に分極しており、これが、トロコフォア・ディプリュールラ幼生型の「頂板」と「繊毛帯」のそれぞれに相当することになる。後者はこの刺胞動物の口の周りを取り囲むが、この口は事実上、左右相称動物の胚における原口である。この放射相称の動物の底部が一方向に引き伸ばされ、アドルフ・レマーネの考えたように体軸を獲得したとき、周口部の神経系がもっぱら前口動物の中枢神経となるが、その前脳はといえば、それは頂板に由来した神経系が二次的に融合してできたものと考えられる。この、2部構成の神経系が融合する現象は後口動物でも認められるため、このイベントが左右相称動物の共通祖先においてすでに生じていたものと、アレントらは考えている。そして、このようにして成立した神経原基（神経板）が巻き上がって1本の管をなし、さらに背腹反転を起こせば、脊索動物のでき上がりとなる。さらに分子レベルの細胞型の同定を根拠に、これらの神経原基の境界が脊椎動物の前脳における視床の中に見出せるとしている。

形の変化プロセスだけを見れば、このシナリオがニールセンの説ときわめてよく似ているということがわかるであろう。しかし、問題はそのような変形のプロセスの現場が、いったいどこで、どのようにして生じていたのかということなのだ。アレントのいうように、成体のボディプランの連続変形として見ることができるのか、あるいはそれとパラレルな変形が、胚や幼生の段階で起こったのか。それによっては、体節は概念に成り下がりもすれば（ニールセン的には、体節が独立に進化したというシナリオになりがち）、実体としてモデルに取り込むこともできる（アレント的には、体節はレマーネのシナリオどおりにニューラリアに現れ、常に相同物として左右相称動物に存在したが、その場合、歩帯動物における体節の不在状態が説明できない可能性もある）。変形を通じてひとつのボディプランから別のボディプランを導くという方針は、たとえそれが成体の比較であれ、胚や幼生型の比較であれ、頭の中で抽象化されたパターンを変形させる思考実験でしかない。一方で、中胚葉性体腔も分節性も、何らかの実体として進化の上で登場しなければならない。それを確定するには、現在の知見では足りない、まだいくつかの穴が残っているようなのだ。

かくして、我々が目にするさまざまな動物を生み出した最初の祖先がどのような姿をしていたのか、そしてその動物の発生プログラムがどのように変化し、その背景にはどのようなゲノム、遺伝子の変化があり、それらの変化をどのような機構が突き動かしていたのか、いまでも定説はなく、全貌はつかめていない。研究者ごとに異なった考えがある。しかし、共通していうことができるのは、遺伝子や胚の形の中に、常に何らかのつながりや同一性を見出し、変化のプロセスを考えていこうという研究の方針である。つまり、相同性とボディプランの理解は、動物の進化の歴史を復元し、我々の祖先の系列がたどってきた（その結果としてこのような体を持つに至った）遠大な道筋をすっかり理解しようという、この大胆な試みにあって、一歩ずつ足場を確かめるための踏み石や、道しるべのような役割を果たしてくれる、本質的に重要なものなのである。研究が進むにつれて、毎年のように膨大なデータが蓄積されていく。その中には、誰もまだ気がついていない「つながり」がどこかに隠れているのだろう。今後どのような研究技術上の進歩が次なる発見をもたらしてくれるのか、それは我々自身の飽くなき好奇心にかかっている。

（注7）正確には、わずか2回の波が観察され、そのうちのひとつは索前板という中胚葉構造に、あと1回はそれ以外のすべての頭部中胚葉に相当すると考えられている。このことからも、脊椎動物の頭部中胚葉が、体幹とは異なる独特のものであることがわかる。

あとがき

本書では、脊椎動物の起源をめぐる問題を形態学の黎明から説き起こし、型の一致とボディプランの関係を考察し、現代の進化発生学的研究から、その問題の解答を模索した。脊椎動物の起源といえば、その問題のほとんどは頭部の成り立ちに関するものである。そして、それを扱う、いわゆる「頭部問題」の歴史は古い。思えば、形態学の誕生は頭部に分節を見つけようという衝動とともにあり、それはいまに至るまで、常に動物学者に本質的な形態進化の謎を投げかけている。「形態学」という生物学の一分野が生まれたのが、そもそも脊椎動物の頭部分節をめぐってのことであった。本書ではこれに対して解答を与えることができなかったが、執筆を続けるための動力として、常に本書のテーマの影に潜んではいた。いずれにせよ、私の研究に対する情熱が、形態学の歴史そのものと同じ起原を持っているからには、自分は確かに典型的な形態学者だと思ってよいのであろう。とにかく私は、学生時代にこの問題に出会うや、文字どおり夢中になった。そして、勉強を深めるにつれ、その情熱がどうやら私だけに限ったことではないということがしだいにわかってきた。そして、この頭部分節問題が、ややもすれば人を狂気へと誘いかねない、個人が細々と扱うにはあまりにも広大で深遠なものであるらしいということも。

あれは、京都大学の理学部3回生のときだったと記憶する。当時の動物学教室では、前期と後期にそれぞれ半期ずつ、「無脊椎動物学」と「脊椎動物学」が教えられていた。この区分けはいまとなってはあまり正確なものではないが、ラマルクに由来する実に由緒正しいものである。無脊椎動物学の講義を担当されていたのは、毎週白浜の臨海実験所から出張してこられていた原田英司先生で、脊椎動物のほうはというと、のちに私の師となった田隅本生先生の担当であった。無脊椎動物学において私が最も興味深く思ったのは、昆虫の頭部形態の進化であった。すなわち昆虫の頭部は、体幹に見るようないくつかの分節が変形して、ひとつの複合体として融合したものに他ならない。ほんらい節足動物のひとつひとつの分節には、みな一対の附属肢が付いている。頭部ではその附属肢が、触角や顎に「変形――メタモルフォーゼ」し、ひとつの機能的複合体を形成している。頭部の由来は、つまるところ体幹をつくっているのと同じ分節なのである。機能的に特化した姿の背景に、あるいはその深層に、単純で分節的なパターンがあるということは、多くの節足動物が進化する上で、特別な構造を発達させる潜在的な可能性を秘めた、分節的原基を持った祖先がいたということを考えさせるに十分である。

第2の含蓄は、その発生プログラムについてのものである。昆虫のような複雑な構造もまた、発生学的に見れば、単純な繰り返し構造をもとにつくられている。胚の中に分節や附属肢の原基が繰り返しパターンを伴ってまず現れ、それが場所に応じてそこにふさわしいものへと分化する。発生学的には、その場所についての情報を「位置価」と呼ぶ。それは本書のキーワードのひとつである。位置価をベースにした形態的分化、あるいは特殊化が、昆虫の高度な頭部形態の秘密であるらしい。

このような魅力的な考え方が、私にとってさらに深い驚きとなって響いてきたのは、その半年後のことであった。つまり、脊椎動物の頭部もまた、「位置価に応じた分節原基の特殊化」によってできていることを知ったのである。脊椎動物の頭部を大きく特徴づけるのは「エラ」である。そして、脊椎動物の顎や、それを後方で支えている舌骨もまた、エラが変化したものに他ならない。つまりここでも、エラという繰り返し構造が場所に応じて姿を変えている。

昆虫と脊椎動物の頭部に見るこのような顕著な類似性、形態進化における互いにそっくりな戦略を目の当たりにして、二十歳そこそこの私はとてつもなく深遠な「何か」に触れてしまったような気がした。「その共通性の背景には、本質的実体があるに違いない」。もちろん、昆虫は前口動物に属し、脊椎動物はそれとは大きくかけ離れた後口動物に属している。どれほど似た印象を持っていても、両者は、基本的な体の設計図がまったく異なっている。だから、同じ「頭部」といっても、それは形態的に相同な（つまり、進化的に祖先的由来を同じくする）ものを見ているわけではなく、機能的に類似しているから、単にアナロジーとして「頭部」と呼ばれているにすぎない。そのぐらいのことはわかっている。しかし、進化的違いを超えてなお、その「分節的成り立ち」と「形態分化」に見る昆虫と脊椎動物の不思議な類似性の背景には、何か重要な秘密が、ひょっとしたら発生機構や遺伝子のレベルで潜んでいるかもしれない、そしてそこには形態進化の秘密さえ隠されているのかもしれない、などと考えはじめた。そして、ことあるごとにそんな考えを学友たちに問うてみたのだが、誰も私の頭部問題に付き合おうとはしてくれない。私は私で、「この類似性の背景に、たぶん何らかの要因（遺伝子?）が存在しているはずだろうが、それが実体として発見されるまでには、まだ2世紀ぐらいかかるだろう」などと、のんきに構えていた。ところが、である。そのわずか数年後のことであった。ホックス遺伝子という、ある種「真犯人」が見つかったのは。

結局、私の学生時代、まじめに勉強したことといえば、脊椎動物の頭部問題か、それに関連した比較形態学だけで、その傾向は大学院に進んでも一向に改善されることはなかった。学部の卒業研究において私は、マウスの頭蓋発生を観察し、後頭骨だけではなく、それより前の部分もまた椎骨と同等の要素からできるのではないかなどと、いまから思うときわめて幼い「分節説」を披露した。担当教官の田隅本生先生は、「ゲーテの椎骨説の再来かぁ」などと微笑んでおられた。私自身、この頭部問題とこれほど長い期間付き合うことになるだろうなどとは思いもしなかった。ただそのとき私は、この問題に最初に気がつき、それによって「形態学」という分野を築いたのが、あのドイツの文豪、ゲーテであったという事実を確認していた。そしてもうひとつ認識したことがあったとすれば、それは分子生物学が華やかに開花しようとしていた当時にあって、明らかに自分が流れに逆行しようとしているという、情けないまでの自覚であった。

かくなるうえは、純粋な学問にとことん浸ってやろう。まずは、頭部問題に関連した古い文献を漁れるだけ漁ってみよう。少なくとも当時の京大動物学教室というのは、そんな無計画、無鉄砲な学生を許容するような、何というか懐の深い場所であった。19世紀の埃まみれの分厚いジャーナルを何冊も抱えて図書館と研究室を往復する私を見かけ、「いやぁ、田隅君のところには、やっぱり君のような学生がいるもんだなぁ」などと、喜んでくれた先生もおられた。そんな「蘭学事始」のような作業が理想的な学生生活かどうかは別として、少なくとも私には当時、そうし続ける必要があったのだ。それが可能であった当時の京都大学理学部という環境に対しては、いくら感謝してもしすぎることはない。そして、その「情けない自覚」は、私にとって最も幸運なかたちであっという間に裏切られることになった。ショウジョウバエにおけるホックス遺伝子の発見を皮切りに、私の目の前で、頭部問題が分子発生生物学と細胞生物学の檜舞台に引っ張り出されたからである。同時に、比較形態学だけを学んでいたのでは、これからはとても研究者になどなれないとも思い知った。新しい教義に出会い、新しい技術を身につけることもまた、若い頃にしかできることではない。そしてその「転向」は、自分がノリにノっているときにこそ無理矢理にでもやらねばならないと教えてくれたのが、私の最初の職場での上司、田中重徳先生であった。おそらく、琉球大学医学部での助手としての3年間の修行なくしては、私はその後、実験発生学や分子発生学を身につけることは適わなかったであろう。

頭部問題は古典でも何でもなく、単に忘れ去られていただけだった。その重要性は、ショウジョウバエやマウスの分子遺伝学がふたたびこの問題を最先端の発生学の舞台に引きずり出したことで明らかになった。20世紀が終わり、生物学はその現代科学としての体裁を誇示し、生命現象に関わる分子機構を、これでもかといわんばかりにさらけ出し、それはいまや、ゲノムの全情報すら相手にしはじめている。が、しかし、頭部分節の問題はふたたび忘れ去られつつあるように私には思える。当初、慣れない舞台の上でもじもじしていた形態学は、「エヴォデヴォ（進化発生学）」という名を冠せられるや、しだいに頭部問題の凄まじいまでに複雑かつ深淵な本性を明らかにし、19世紀以来の命題に対して現代生物学が必ずしも万能ではないことを暴露しさえしているようである。問題はまだ解けていない。その理由も、頭部問題に長く関わってきた私には比較的明らかである。そして私はそれをいま、希望と畏れのない交ぜになった気持ちで見つめている。

本書の執筆においては、図版の作成を手伝って頂いた廣藤裕子さん、原稿を通読しコメントいただいた、尾内隆行研究員、平沢達也研究員にお礼申し上げる。とりわけ和田洋筑波大学教授には、本書全般にわたり、多くの含蓄ある示唆に加え、明らかな誤謬を糺していただいた。この場を借りて特に感謝を表したい。そして、執筆期間を通して激励いただいた丸善出版株式会社の米田裕美さんにも深くお礼申し上げる。

また、駆け出しの頃の私を見守ってくれていた田隅先生、ならびに、解剖学の神髄と研究者魂を私に教えて下さった田中先生は、過去数年の間に相次いで他界された。ここに冥福を祈り、本書を捧げたいと思う。

2015年3月

神戸・北野にて

倉谷　滋

用語集

アナロジー　ホモロジーに当てはまらない、あらゆる類似した構造の関係をホモプラジーというが、その中でも、（鳥類と昆虫に見られる「ハネ」のように）機能と形態の類似性のみが強調され、由来を同じくしない構造にアナロジー（相似）の概念が用いられることが多い。ホモロジーとアナロジーの区別は、オーウェンが最初に行った。

位置価　形態的相同性や形態形成運動の基盤となる器官構造の場所や、前後、内外、背腹などの極性のこと。

咽頭弓《いんとうきゅう》　咽頭胚の喉の部分に見られる一連の棒状の原基。魚類では、この多くが呼吸用のエラに発生していく。その最前方のものは多くの脊椎動物において顎となる。

咽頭嚢《のう》　咽頭の内胚葉上皮が左右に膨らみ出してできたポケット状の袋。前後に複数のものができるので、繰り返し構造である。咽頭嚢が咽頭壁を突き破ってできた裂け目が咽頭裂であり、これが鰓孔《さいこう》（えらあな）となる。咽頭裂によって分断された咽頭壁を咽頭弓と呼ぶ。

咽頭胚　脊椎動物の個体発生において、魚の成体のエラに相当する原基である、咽頭弓が現れる時期の胚をいう。

ウルバイラテリア　すべての左右相称動物の共通祖先となったと思われる仮想的な動物。

エヴォデヴォ　「進化発生学」を参照。

円口類　ヤツメウナギ類とヌタウナギ類からなるグループ。顎を持たず、顎口類の姉妹群とされる。

外眼筋　脊椎動物において眼球を動かす筋群のこと。基本的には4つの直筋（上直筋、下直筋、内直筋、外直筋）と2つの斜筋（上斜筋、下斜筋）の計6つからなり、3本の脳神経（動眼神経、滑車神経、外転神経）によって支配される。

顎口類《がくこう》　一般には「顎を持つ脊椎動物」と説明されるが、その根幹のグループは円口類との分岐の後、顎を獲得する前に派生した化石無顎類を多く含んでいる。

ガストレア　ガスツレアともいう。刺胞動物の形態をもとにヘッケルが想像した、最も原始的な動物の仮想的祖先。2胚葉からなり、繊毛によって遊泳する。現在このような動物は認められていないが、その名は「原腸胚」の英名（gastrula）に残っている。

甲冑魚《かっちゅうぎょ》　硬い外骨格性の甲冑を身にまとった化石脊椎動物の総称であり、正式の分類群ではない。いくつかの化石無顎類、ならびに板皮類からなる。

環形動物　ミミズやゴカイの仲間。体軸に沿って分節を持つ。

関節動物　古い分類学における分類群であり、節足動物と環形動物をともに含む。

間葉　細胞がシート状に連なった上皮ではなく、バラバラの塊として見られる組織をいう。

胸腺　脊椎動物の咽頭から分化するリンパ性器官のひとつ。咽頭嚢派生体のひとつでもある。

棘皮動物《きょくひ》　ウニ、ヒトデ、ナマコなどを含む動物群。5放射相称のボディプランを特徴とする。

共有派生形質　単系統群を定義する形質（状態）。特定の生物群にしか見られない、派生的な特徴。

偶蹄類《ぐうてい》　有胎盤哺乳類のうち、偶数の指を持つ有蹄類。カバやウシ、シカ、イノシシなどを含む。この仲間から鯨類が派生したため、偶蹄類は単系統群ではなくグレードである。

クレード　単一の祖先に由来する動物群。単系統群。これを自然分類群と呼び、系統樹においては1本の幹、もしくは枝によって表現される。

グレード　単系統群（クレード）ではないが、同様な進化段階を示すことによってまとめられた動物群。「顎がない」、「四肢がない」などの原始形質によって定義されることが多い。たとえば、鳥類は爬虫類の一部が進化したものであるが、「鳥類以外の爬虫類」に共通する特徴（角質のウロコや変温性など）でもって爬虫類をひとつのまとまりとして認識する場合は、グレードを見ていることになる。

系統発生　「個体発生」の対語。個体発生が一生物個体の発生過程を指すのであれば、系統発生とは、その生物の系統が進化の過程でたどってきた道筋をいう。

ゲノム重複　進化の過程でゲノムが倍化すること。これにより種分化が促進するという考えもあった。脊椎動物では、無脊椎動物のゲノムに相当するものが4倍になっているとされ、過去に2回のゲノム重複を経験したことが明らかとなっている。

原基　胚の中で特定の構造や器官のもととなる、未分化な状態にあるもの。心臓原基、肺原基、骨格原基、のように使う。

原口　「原腸陥入」を参照。

原索動物　脊索動物のうち、脊椎動物を除いたもの（グレード）。脊索は持つが、脊柱を持たない動物のことで、明瞭な頭部も欠く。ナメクジウオとホヤの仲間に相当する。

原始形質　進化的ポラリティの観点から見て、古い状態にある形質。

原腸　「原腸陥入」を参照。

原腸陥入　動物の胚発生において、表層の細胞が落ち込んで腸管の前駆体（原腸）をつくっていくこと。このとき、胚の表面に見えている原腸の開口部を原口と呼び、この頃の胚を原腸胚と呼ぶ。

原腸胚　「原腸陥入」を参照。

後口動物　左右相称動物の一群。原口が肛門となり、口が二次的にできる動物というのが古典的な定義である。棘皮動物、半索動物、脊索動物を含む。

硬骨魚　骨性の内骨格を持つ魚類の仲間。四肢動物もここから進化したため、硬骨魚というクレードの中に、我々ヒトも属している。

後成説（エピジェネシス）　発生において、親の形は卵の中にまだ存在しておらず、発生とともにしだいに形が得られていくという考え方。

鰓孔《さいこう》　えらあなのこと。

左右相称動物　バイラテリアともいう。前口動物と後口動物からなり、いわゆる「動物」と呼ばれるもののほとんどを含む（刺胞動物やカイメンは含まない）。前後軸、背腹軸を備え、発生に際しては3胚葉が現れ、一定のレパートリーの発生制御遺伝子を用いるという共通性を見てとることができる。脊索動物は後口動物に含まれる。

肢芽　四肢動物における四肢（前肢と後肢）の発生上の原基。

刺胞動物　クラゲ、イソギンチャクを含む、2胚葉からなる動物。

収斂《しゅうれん》　翼竜とコウモリに独立に進化した皮膜性の翼、あるいはサメとイルカの背鰭のように、比較的遠く隔たった生物が、同じ機能的適応のための類似の構造を独立に進化させること。厳密には並行進化と区別できない場合がある。

進化発生学（エヴォデヴォ）　生物の進化的歴史や系統関係、ゲノム構成やボディプランを成立させている発生プログラムの機構とその進化的変遷や由来を復元するために、生物の発生現象をあらゆる技術を駆使して比較・考察する研究分野。

神経弓　「椎骨」を参照。

神経堤細胞　脊椎動物の胚にのみ現れる、多分化能を有した外胚葉性の遊走細胞であり、末梢神経系や色素細胞のほか、頭部においては骨格にも分化する。

神経分節　ニューロメアともいう。脊椎動物の（特に胚の）神経上皮に現れる、分節的構造。

ズータイプ　左右相称動物を代表するツールキット遺伝子の発現パターンや3胚葉性の基本的胚形態を形式化していうもの。本来は、バイラテリアに共通するホックスコードの進化的意義を強調するために用いられた概念。

脊索動物　発生の一時期、もしくは生涯を通じて体の中央に、前後軸に沿った支持構造である脊索を有することで定義される動物門。

脊椎動物　背骨を持った動物の総称。脊索動物門のうち、最も大きい一亜門である。

節足動物　昆虫や甲殻類（エビ、カニ）、クモ、サソリ、ムカデなどを含む動物群。体軸に沿った分節からなり、各分節には基本的に一対の附属肢が伴う。

前口動物　左右相称動物の一群。脱皮動物（節足動物や線形動物を含む）とトロコフォア動物（環形動物、軟体動物を含む）からなる。

前成説　卵や精子の中に、成体の形、もしくはそれに準ずるパターンがすでに存在していて、発生においてはそれが展開し、大きくなるだけだという考え方。古典的な発生学では支配的な説であった。

相同　「ホモロジー」を参照。

体腔　動物の体の中で、中胚葉上皮からなる袋によって囲まれた腔所をいう。

体節　節足動物や環形動物における分節をいうときにも「体節」と表現されることがあるが、基本的には脊椎動物胚の体幹部背側に現れる、中胚葉の分節繰り返し単位をいう。ここから筋節や、真皮、そして椎骨や肋骨の原基が発する。

対鰭《ついき》　魚類における胸鰭や腹鰭のように、対をなした鰭のこと。円口類には存在しない。

椎骨　脊椎動物において脊柱（いわゆる背骨）を構成する単位。脊索の周囲にできる糸巻き状の椎体、その背側にあって神経管を取り巻く一対のアーチ状の神経弓、棘突起、横突起などからなる。

椎体　「椎骨」を参照。

ツールキット遺伝子　動物胚の発生において、ボディプランを成立させるために必要とされ、キーとなる機能を果たす1セットの発生制御遺伝子群。ズータイプを成立させるものも、このような遺伝子のセットである。ホックス遺伝子群もそのひとつだが、他のタイプのホメオボックス遺伝子群をはじめ、他の転写調節因子をコードした遺伝子群、分泌性の因子と、それにより引き起こされるシグナリングに関わる一連の遺伝子群など、多くのものを含む。こういった、いわゆる「役者」は、多くの動物において共有され、彼らが全員揃わないと、形態形成という舞台は成立しないのである。

動物門　基本的ボディプランによって区別された、動物群の最も大きな分類単位。脊索動物、軟体動物、節足動物などをはじめとし、約30のものが現在認められている。

軟骨魚　サメやエイなどの板鰓類と、ギンザメを含む全頭類からなるクレード。軟骨を主体とする内骨格を持つ。以前は原始的だと思われていたが、ここから硬骨魚が発したわけではない。

軟体動物　イカ、タコ、二枚貝、巻き貝などからなる動物門。

ネオテニー　祖先の幼若段階や幼生段階に留まったまま、性成熟が生じること。もしくはこれによる進化をネオテニーという。あるいは、子孫の成体の状態が、祖先の幼生、幼若段階に似ること。

胚　発生途上の、未分化な状態を示す生物個体。エンブリヨ。

胚帯期　昆虫におけるファイロティピック段階に相当する胚期であり、分節構造の一時パターンや、未分化な一連の附属肢原基が明瞭に現れている。

胚葉《はいよう》　動物の発生初期に、細胞分化や細胞系譜の絞り込みに先立って現れるシート状の細胞群を胚葉といい、左右相称動物では、表皮や神経系をもたらす外胚葉、原腸となる内胚葉に加え、両者の間に中胚葉が現れ、筋や骨格をもたらす。

胚葉説　器官構造の形態的相同性は、それが由来した胚葉の同一性に帰着されるという、フォン・ベーアに始まる考え方。

バイラテリア　「左右相称動物」を参照。

発生拘束　進化的変異の方向性にかかるバイアスや制限のこと。

半索動物　ギボシムシとフサカツギを含む後口動物の1グループ。

板皮類　脊椎動物の中で最初に顎を獲得したグループ。この中から軟骨魚と硬骨魚が進化したと考えられている。化石のみで知られる。

反復説　発生過程と生物の進化過程、もしくは何らかの方法によって序列化された動物群のなす階段の間に並行性を見る考えの総称。

比較形態学　複数の動植物の形態を精査することにより、その一般的なボディプランや動物系統間の進化的関係を明らかにしようとする学問。

附属肢　節足動物の体を構成する各分節に一対付随する「肢」のこと。顎装置や触角も附属肢の変形したものである。

プロソメア　前脳分節ともいう。神経分節のうち、前脳の領域に発するものをいう。

分岐学　生物の進化を枝分かれの連続と見なし、形質状態の分布を解析することにより系統分岐の序列を復元し、それを通じて分類を行う方法。

分節　繰り返しパターンを持つ動物のボディプランにおける「繰り返しの単位」をいう場合に用い、その場合にはメタメア（metamere）の語も用いられる。

並行進化　比較的近縁の生物群が、独立に複数回、同じ特徴を進化させること。「収斂」と厳密には区別できない場合がある。

扁形動物　プラナリアやいわゆる渦虫《うずむし》を含む扁平な長虫の仲間。明瞭な体腔を欠くが3胚葉からなる。

放射動物　古い分類学における分類群であり、棘皮動物と刺胞動物をともに含んでいた。

ホックス遺伝子　Hox 遺伝子。ホメオボックス遺伝子群の中の一群。ホメオティック突然変異の原因遺伝子として知られる。胚の中の細胞群に位置価を与え、そこに相応しい形態分化を発動させる機能を持つ、左右相称動物におけるホメオティックセレクター遺伝子。

ホックスコード　胚の特定の器官原基において、ある極性に沿って順序よくホックス遺伝子群が発現し、それによって原基中の各細胞群に位置価が与えられ、各部の領域的特異化に働くようなホックス遺伝子発現パターンのセット全体をこう呼ぶ。このコードがあるために、でき上がった形態構造各部域の形態的相同性を、発現する遺伝子の組み合わせにより定義できることが多い。

ボディプラン　動物の体制。基本的な器官系の構築や配置、極性や、分節性、対称性の有無などを通して表現される基本的な成り立ちをいう。

ホメオティックセレクター遺伝子　「ホックス遺伝子」を参照。

ホメオティック突然変異　体のある部分が、そことは異なる場所にあって別の形態的相同性を持つ構造に置換してしまうような突然変異。眼が触角に変化することや、通常では花のできない場所に花が付くような現象に用いられるこの突然変異の背景には、ホメオティックセレクター遺伝子の機能が関わる場合が多い。

ホメオボックス　ホメオボックス遺伝子の塩基配列に共通して見られる、約60のアミノ酸をコードする領域。ここから翻訳されたポリペプチドは、DNA上の特定の配列を認識して結合する能力を持ち、この活性を介して他の遺伝子の発現制御に関わる。

ホモプラジー　「アナロジー」を参照。

ホモロジー　狭義には、異なった動物において体の中で相対的に同じ位置を占め、共通祖先の同じ構造に由来した同等の構造同士の関係をいう。広義には、椎骨のように連続した構造同士の関係を系列相同物という。同様に、体の中で対をなした構造（腕のように）や、歯のように、局所的に現れるひと連なりの同等の構造の関係を指すこともある。

マスターコントロール遺伝子　生物の発生中、特定の器官構造の分化や特異化において決定的な機能を果たし、遺伝子発現ネットワークの上位を占めている遺伝子という意味。

無顎類《むがくるい》　文字通り顎を持たない脊椎動物のことであり、これは「顎を持たない」という原始形質によって定義されているため、一種のグレードをなす。言い換えれば、これは顎を持つ以前の段階に相当する原始的な脊椎動物全般を指すのであり、無顎類のみ、そして無顎類のすべてを派生したような単一の祖先は設定できなくなる。

無腸類　かつては扁形動物の中のきわめて原始的で未分化な段階にある一群と考えられ、腸を欠く。左右相称動物の一門を形成するが、現在、その系統的な位置や類縁関係について問題が残されている。

幼生　動物の成体に至る前の幼若段階にあり、栄養摂取の能力を備え、独立生活をするものの総称。カエルのオタマジャクシもそのひとつ。

羊膜類　発生中に胎児が羊膜に包み込まれるため、生活を完全に陸上に移すことができた脊椎動物の一群で、哺乳類、爬虫類、鳥類が含まれる。

レトロポゾン レトロトランスポゾンとも呼ばれるトランスポゾン（逆転写を介して動く遺伝子）の一種。動植物のゲノム内には多く見られる。

ロンボメア 菱脳《りょうのう》分節ともいう。神経分節のうち、後脳（菱脳）に発するものをいう。

索　引

か　行

さ　行

た　行

な　行

ま　行

や・ら行

図の出典

図 2
E. Haeckel, "Anthropogenie oder Entwickelungsgeschichte des Menschen: Keimes- und Stammesgeschichte", Wilhelm Engelmann, 1874

図 3
H. L. Guyader, "Étienne Geoffroy Saint-Hilaire（1772–1884）: Un naturaliste visionnaire", Belin, 1998

図 5
H. L. Guyader, "Étienne Geoffroy Saint-Hilaire（1772–1884）: Un naturaliste visionnaire", Belin, 1998

図 7
団まりな氏提供

図 8
左：C. Singer, "A History of Biology to about the year 1900: A General Introduction to the Study of Living Things", Iowa State University Press, 1989
右：J. W. Goethe, 高橋義人 編訳, 前田富士男 訳,『自然と象徴—自然科学論集』, 冨山房, 1982 年

図 10
R. Owen, "On the Archetype and Homologies of the Vertebrate Skeleton", John van Voorst, 1848

図 11
筆者の卒業研究におけるスケッチより

図 12
R. E. Snodgrass, "Principles of Insect Morphology", Cornell University Press, 1993 より改変

図 14
T. H. Huxley, 'The Croonian Lecture: On the Theory of the Vertebrate Skull', *Proc. Zool. Soc. London,* 9（1858）: 381–457

図 16
左：入江直樹博士提供

図 17
倉谷滋 著，『動物進化形態学』，東京大学出版会，2004 年

図 18
R. A. Raff, “The Shape of Life”, The University of Chicago Press, 1996 より改変

図 20
E. Haeckel, “Anthropogenie oder Entwickelungsgeschichte des Menschen: Keimes- und Stammesgeschichte”, Wilhelm Engelmann, 1874

図 21
E. Haeckel, “Anthropogenie oder Entwickelungsgeschichte des Menschen: Keimes- und Stammesgeschichte”, Wilhelm Engelmann, 1874

図 22
E. Haeckel, “Anthropogenie oder Entwickelungsgeschichte des Menschen: Keimes- und Stammesgeschichte”, Wilhelm Engelmann, 1874

図 24
E. Haeckel, “Anthropogenie oder Entwickelungsgeschichte des Menschen: Keimes- und Stammesgeschichte”, Wilhelm Engelmann, 1874

図 27
左：E. Haeckel, “Anthropogenie oder Entwickelungsgeschichte des Menschen: Keimes- und Stammesgeschichte”, Wilhelm Engelmann, 1874
右：E. Haeckel, “Natürliche Schöpfungsgeshichte”, Druck und Verlag von Georg Reimer, 1902

図 29
佐藤矩行・野地澄晴・倉谷滋・長谷部光泰 著，『発生と進化（シリーズ進化学 4）』，岩波書店，2004 年

図 31
C. H. Waddington, “The Evolution of an Evolutionist”, Cornell University Press, 1975

図 32
A. Remane, ‘Der Homologiebegriff und Homologiekriterien’ in “Die Grundlagen des Natürlichen Systems, der Vergleichenden Anatomie und der Phylogenetik - Theoretische Morphologie und Systematik, 2te Auflage”, Academische Verlagsgesellschaft, Geest & Portig K. G., pp. 28–93, 1956 より改変

図 33
N. Shubin, C. Tabin and S. Carroll, ‘Deep Homology and the Origins of Evolutionary Novelty’ より改変. Reprinted by permission from Macmillan Publishers Ltd: *Nature* 457, copyright 2009.

図 35
D. Arendt, K. Nübler-Jung, 'Inversion of Dorsoventral Axis?', より改変. Reprinted by permission from Macmillan Publishers Ltd: *Nature* 371, copyright 1994.

図 37
J. Harter, "Images of Medicine: A definitive Volume of More than 4,800 Copyright-free Engravings", Bonanza Books, 1991 より改変

図 38
R. L. Carroll, "Vertebrate Paleontology and Evolution", W. H. Freeman and Co., 1988 より改変

図 39
A. C. Burke, C. E. Nelson, B. A. Morgan and C. Tabin, "Hox Genes and the Evolution of Vertebrate Axial Morphology", *Development,* 121 (1995): 333–346 より改変

図 41
J. B. Johnston, 'The Morphology of the Vertebrate Head from the Viewpoint of the Functional Division of the Nervous System', *J. Comp. Neurol.,* 15 (1905b): 175–275 より改変

図 43
A. Hejnol and M. Q. Martindale, 'Acoel Development Supports a Simple Planula-like Urbilaterian', *Phil. Trans. the Roy. Soc. B,* vol. 363 (2008): 1493–1501 より改変

図 45
A. S. Romer and T. S. Parsons, "The Vertebrate Body, 5th edition", Saunders, 1977

参考文献

Appel, T. A., "The Cuvier-Geoffroy Debate: French Biology in the Decades before Darwin", Oxford University Press, 1987.

Arendt, D., Nübler-Jung, K., 'Inversion of Dorsoventral Axis?', *Nature,* 371 (1994): 26.

von Baer, K. E., "Entwicklungsgeschichte der Thiere: Beobachtung und Reflexion", Born Träger, 1828.

Bateson, W., "Materials for the Study of Variation: Treated with Especial Regard to Discontinuity in the Origin of Species", Johns Hopkins University Press, 1894.

de Beer, G. R., "Experimental Embryology", Oxford University Press, 1926.

de Beer, G. R., "Homology, An Unsolved Problem", Oxford Biology Readers, J. J. Head and O. E. Lowenstein (eds.), Oxford University Press, 1971.

Burke, A. C., Nelson, C. E., Morgan, B. A., Tabin, C., '*Hox* Genes and the Evolution of Vertebrate Axial Morphology', *Development,* 121 (1995): 333-346.

Carroll, S. B., Greiner, J. K., Weatherbee, S. D., "From DNA to Diversity: Molecular Genetics and the Evolution of Animal Design", Blackwell Science, 2001.

Denes, A. S., Jekely, G., Steinmetz, P. R., Raible, F., Snyman, H., Prud'homme, B., Ferrier, D. E., Balavoine, G., Arendt, D., 'Molecular Architecture of Annelid Nerve Cord Supports Common Origin of Nervous System Centralization in Bilateria', *Cell,* 129 (2007): 277-288.

Depew, M. J., Lufkin, T., Rubenstein, J. L., 'Specification of Jaw Subdivisions by *Dlx* Genes, *Science,* 298 (2002): 371-373.

Eckermann, J. P., "Gespräche mit Goethe in den letzten Jahren seines Lebens. III", Glanz & Elend, 1848.

Fürbringer, M., 'Ueber die Spino-occipitalen Nerven der Selachier und

Holocephalen und Ihre Vergleichende Morphologie', in "Festschr. zum Siebenzigsten Geburstage von Carl Gegenbaur, Vol. 3", 349-788, Wilhelm Engelmann, 1897.

Gans, C., Northcutt, R. G., (1983) 'Neural Crest and the Origin of Vertebrates: A New Head', *Science,* 220 (1983): 268-274.

Gaupp, E., 'Die Reichertsche Theorie', *Arch. Anat. Physiol.,* Suppl. (1912): 1-416.

Gegenbaur, C., 'Die Metamerie des Kopfes und die Wirbeltheorie des Kopfskelets', *Morphol. Jb.,* 13, (1887): 1-114.

Gillis, J. A., Modrell, M. S., Baker, C. V. H., 'Developmental Evidence for Serial Homology of the Vertebrate Jaw and Gill Arch Skeleton', *Nat. Commun.,* 4 (2013): 1436.

Goodrich, E. S., "Studies on the Structure and Development of Vertebrates", McMillan, 1930.

Guyader, H. L., "Étienne Geoffroy Saint-Hilaire (1772-1884): Un Naturaliste Visionnaire", Belin, 1998.

Haeckel, E., 'Die Gastrea und die Eifurchung der Thiere', *Jena Z. Naturwiss,* 9 (1875): 402-508.

Hall, B. K. (ed.), "Homology: The Hierarchical Basis of Comparative Biology", Academic Press, 1994.

Hall, B. K., "Evolutionary Developmental Biology, 2nd Ed.", Chapman & Hall, 1998.

Hejnol, A. and Martindale, M. Q., 'Acoel Development Supports a Simple Planula-like Urbilaterian', *Phil. Trans. the Roy. Soc. B,* vol. 363 (2008): 1493-1501.

Hennig, W., "Grundzüge Einer Theorie der Phylogenetischen Systematik", Deutscher Zentralverlag, 1950.

Hooland, N. D., 'Early Central Nervous System Evolution: An Era of Skin Brains?', *Nature Rev., 4* (2003): 1-11.

Huxley, T. H., 'The Croonian Lecture: On the Theory of the Vertebrate Skull', *Proc. Zool. Soc. London,* 9 (1858): 381-457.

Irie, N. and Kuratani, S., 'Comparative Transcriptome Analysis Detects Vertebrate Phylotypic Stage during Organogenesis', *Nat. Commun.,* 2 (2011): 248.

Jeffery, W. R., 'Chordate Ancestry of the Neural Crest: New Insights from Ascidians', *Semin. Cell Dev. Biol.,* Aug 18 (4) (2007): 481-91.

Jouve, C., Iimura, T., Pourquie, O., 'Onset of the Segmentation Clock in the Chick Embryo: Evidence for Oscillations in the Somite Precursors in the Primitive Streak', *Development,* 129 (2002): 1107-1117.

Kessel, M., 'Respecification of Vertebral Identities by Retinoic Acid',

Development, 115 (1992): 487-501
Kuraku, S., Usuda, R., Kuratani, S., 'Comprehensive Survey of Carapacial Ridge-specific Genes in Turtle Implies Co-option of Some Regulatory Genes in Carapace Evolution', *Evol. Dev., 7* (2005) : 3-17.
倉谷 滋：『かたちの進化の設計図』(ゲノムから進化を考える 2), 岩波書店, 1997 年 .
倉谷 滋：相同性とは何か：発生と進化とを結び付ける形態学的認識について,『古生物の科学』, pp. 1-33, 朝倉書店, 1999 年 .
Kuratani, S., 'Modularity, Comparative Embryology and Evo-devo: Developmental Dissection of Evolving Body Plans', *Dev. Biol.,* 332 (2009): 61-69.
Kuratani, S., 'Evolution of the Vertebrate Jaw from Developmental Perspectives', *Evol. Dev.,* 14 (2012): 76-92.
Douarin, N. M. L., "The Neural Crest", Cambridge University Press, 1982.
Lowe, C. J., Wu, M., Salic, A., Evans, L., Lander, E., Stange-Thomann, N., Gruber, C. E., Gerhart, J., Kirschner, M., 'Anteroposterior Patterning in Hemichordates and the Origins of the Chordate Nervous System', *Cell,* 113 (2003): 853-865.
Miyamoto, N. and Wada, H.,'Hemichordate Neurulation and the Origin of the Neural Tube', *Nat. Commun.,* 4 (2013): 2713.
Masterman, A. T., 'On the Diplochorda', *Quart. J. Microsc. Sci.,* 40 (1898): 281-366.
Moczek, A. P., 'Integrating Micro-and Macroevolution of Development through the Study of Horned Beetles', *Heredity,* 97 (2006): 168-178.
Nagashima, H., Kuraku, S., Uchida, K., Ohya, Y. K., Kuratani, S., 'On the Carapacial Ridge in the Turtle Embryo: Its Developmental Origin, Function, and the Chelonian Body Plan', *Development,* 134 (2007): 2219-2226.
Neal, H. V., Rand, H. W., "Comparative Anatomy", Blakiston, 1946.
Nielsen, C., "Animal Evolution: Interrelationships of the Living Phyla, 2nd Ed.," Oxford University Press, 2001.
Ogasawara, M., Wada, H., Peters, H., Satoh, N., 'Developmental Expression of *Pax1/9* Genes in Urochordate and Hemichordate Gills: Insight into Function and Evolution of the Pharyngeal Epithelium', *Development,* 126 (1999): 2539-2550.
Ogasawara, M., Shigetani, Y., Hirano, S., Satoh, N., Kuratani, S., '*Pax1/Pax9*-related Genes in an Agnathan Vertebrate, *Lampetra japonica:* Expression Pattern of *LjPax9* Implies Sequential Evolutionary Events towards the Gnathostome Body Plan', *Dev. Biol.,* 223 (2000): 399-410.
Oisi, Y., Ota, K. G., Fujimoto, S., Kuratani, S., 'Craniofacial Development of

Hagfishes and the Evolution of Vertebrates', *Nature,* 493 (2013): 175-180.
Owen, R., "On the Archetype and Homologies of the Vertebrate Skeleton", J. Van Voorst, 1848.
Pani, A. M., Mullarkey, E. E., Aronowicz, J., Assimacopoulos, S., Grove, E. A., Lowe, C. J., 'Ancient Deuterostome Origins of Vertebrate Brain Signalling Centres', *Nature,* 483 (2012): 289-295.
Patthey, C., Schlosser, G., Shimeld, S. M., 'The Evolutionary History of Vertebrate Cranial Placodes I. Cell Type Evolution', *Dev. Biol.,* 389 (2014): 82-97.
Pourquie, O., 'The Vertebrate Segmental Clock', *J. Anat.,* 199 (2001): 169-175.
Rabl, C., 'Über das Gebiet des Nervus facialis', *Anat. Anz.,* 2 (1887): 219-227.
Raff, R. A., "The Shape of Life", The University of Chicago Press, 1996.
Reichert, K. B., 'Über die Visceralbogen der Wirbelthiere im Allgemeinen und deren Metamorphosen bei den Vögeln und Säugethieren', *Arch. Anat. Physiol. Wiss. Med.,* 1837, 120-220.
Remane, A., 'Der Homologiebegriff und Homologiekriterien', in "Die Grundlagen des Natürlichen Systems, der Vergleichenden Anatomie und der Phylogenetik - Theoretische Morphologie und Systematik, 2te Auflage. Academische Verlagsgesellschaft", Geest & Portig K. G., pp. 28-93, 1956.
Riedl, R., "Order in Living Organisms", Wiley Press, Chichester, 1978.
Rijli, F. M., Mark, M., Lakkaraju, S., Dierich, A., Dollé, P., Chambon, P., 'Homeotic Transformation is Generated in the Rostral Branchial Region of the Head by Disruption of *Hoxa-2,* which Acts as a Selector Gene', *Cell,* 75 (1993): 1333-1349.
De Robertis, E. M., Sasai, Y., 'A Common Plan for Dorsoventral Patterning in Bilateria', *Nature,* 380 (1996): 37-40.
Ruppert, E. E., 'Key Characters Uniting Hemichordates ad Chordates: Homologies or Homoplasies?', *Can. J. Zool.,* 83 (2005): 8-23.
Rutherford, S. L. and Lindquist, S., 'Hsp90 as a Capacitor for Morphological Evolution', *Nature,* 396 (1998): 336-342.
Sander, K., 'The Evolution of Patterning Mechanisms: Gleanings from Insect Embryogenesis', in Goodwin, B. C., Holder, N., Wilie, C. C. (eds.), "Development and Evolution", Cambridge University Press, pp.137-159, 1983.
Schlosser, G., Patthey, C., Shimeld, S. M., 'The Evolutionary History of Vertebrate Cranial Placodes II. Evolution of Ectodermal Patterning', *Dev. Biol.,* 389 (2014): 98-119.
Schneider, R. A., 'Neural Crest Can Form Cartilages Normally Derived from Mesoderm during Development of the Avian Head Skeleton', *Dev. Biol.,*

208 (1999): 441-455.
Schneider, R. A., Helms, J. A., 'The Cellular and Molecular Origins of Beak Morphology', *Science,* 299 (2003): 55-58.
Shubin, N., Tabin, C., Carroll, S., 'Deep Homology and the Origins of Evolutionary Novelty', *Nature,* 457 (2009): 818-823.
Slack, J. M., Holland, P. W., Graham, C. F., 'The Zootype and the Phylotypic Stage', *Nature,* 361 (1993): 490-492.
Waddington, C. H., "The Evolution of an Evolutionist", Cornell University Press, Ithaca, 1975.
Wang, Z., Pascual-Anaya, J., Zadissa, A., Li, W., Niimura, Y., Huang, Z., Li, C., White, S., Xiong, Z., Fang, D., Wang, B., Ming, Y., Chen, Y., Zheng, Y., Kuraku, S., Pignatelli, M., Herrero, J., Nozawa, M., Juan Wang, J., Zhang, H., Yu, L., Shigenobu, S., Wang, J., Liu, J., Flicek, P., Searle, S., Wang, J., Kuratani, S., Yin, Y., Aken, B., Zhang, G., Irie, N., (2013) 'Development and Evolution of Turtle-specific Body Plan Assessed by Genome-wide Analyses', *Nat. Genet.,* 45 (2013): 701-706.
Zhu, M., Yu,X. B., Ahlberg,P. E., Choo, B., Lu, J., Qiao, T., Qu, Q. M., Zhao, W. J., Jia, L. T., Blom, H., Zhu, Y. A., 'A Silurian Placoderm with Osteichthyan-like Marginal Jaw Bones', *Nature,* 502 (2013): 188-193.

さらに学びたい人にすすめる書籍

S・F・ギルバート, D・イーペル, "Ecological Developmental Biology: Integrating Epigenetics, Medicine, and Evolution", Sinauer, 2009 (邦訳：正木進三・竹田真木生・田中誠二 訳,『生態進化発生学―エコ-エボ-デボの夜明け』, 東海大学出版会, 2012 年).
S・B・キャロル ほか, "From DNA to Diversity: Molecular Genetics and the Evolution of Animal Design", Blackwell Pub., 2005 (邦訳：上野直人・野地澄晴 訳,『DNA から解き明かされる形づくりと進化の不思議』, 羊土社, 2003 年).
倉谷滋・大隅典子 著,『神経堤細胞―脊椎動物のボディプランを支えるもの (UP BIOLOGY 97)』, 東京大学出版会, 1997 年.
倉谷滋 著,『動物進化形態学』, 東京大学出版会, 2004 年.
倉谷滋 著,『個体発生は進化をくりかえすのか (岩波科学ライブラリー 108)』, 岩波書店, 2005 年.
倉谷滋・佐藤矩行 編,『動物の形態進化のメカニズム (シリーズ 21 世紀の動物科学 3)』, 培風館, 2007 年.
E・H・コルバート ほか, "Colbert's Evolution of the Vertebrates: A History of the Backboned Animals through Time", Wiley-Liss, 2001 (邦訳：田隅本生 訳,『コルバート脊椎動物の進化 原著第 5 版』, 築地書館, 2004

年).
C・ジンマー, “At the Water’s Edge: Macroevolution and the Transformation of Life”, Free Press, 1998（邦訳：渡辺政隆 訳,『水辺で起きた大進化』, 早川書房, 2000 年).
N・シュービン , “Your Inner Fish: A Journey into the 3.5-billion-year History of the Human Body”, Pantheon, 2007（邦訳：垂水雄二 訳,『ヒトのなかの魚, 魚のなかのヒト—最新科学が明らかにする人体進化 35 億年の旅』, 早川書房, 2013 年).
西村三郎 著,『動物の起源論—多細胞体制への道』, 中央公論社, 1983 年.
日本進化学会 編,『進化学事典』, 共立出版, 2012 年.
N・H・バートン ほか, “Evolution”, Cold Spring Harbor Laboratory Press, 2007（宮田隆・星山大介 監訳,『進化—分子・個体・生態系』, メディカル・サイエンス・インターナショナル, 2009 年）.
B・K・ ホール , “Evolutionary Developmental Biology”, Chapman & Hall, 1998（邦訳：倉谷滋 訳 ,『進化発生学—ボディプランと動物の起源』, 工作舎, 2001 年)
三木成夫 著,『胎児の世界—人類の生命記憶』, 中央公論社, 1998 年.
E・S・ラッセル , “Form and Function: A Contribution to the History of Animal Morphology”, University of Chicago Press, 1982（邦訳：坂井建雄 訳,『動物の形態学と進化』, 三省堂, 1993 年).
A・S・ ローマー, T・S・ パーソンズ , “The Vertebrate Body”, Saunders College Pub., 1986（邦訳：平光 厲司 訳,『脊椎動物のからだ—その比較解剖学』, 法政大学出版局, 1983 年).

著者紹介
倉谷　滋（くらたに・しげる）
1958年生まれ．理化学研究所倉谷形態進化研究室主任研究員．理学博士．京都大学大学院博士課程修了，ジョージア医科大学，ベイラー医科大学への留学ののち，熊本大学医学部助教授，岡山大学理学部教授，理化学研究所発生・再生科学総合研究センターグループディレクターなどを経て2014年より現職．2012～14年，日本進化学会会長．専門は比較形態学ならびに進化発生学．著書に『動物進化形態学』（東京大学出版会，2004），『個体発生は進化をくりかえすのか』（岩波科学ライブラリー，2005），編纂書に『岩波 生物学事典 第5版』（岩波書店，2013，共編）などがある．

サイエンス・パレット 024
形態学 ―― 形づくりにみる動物進化のシナリオ

平成27年4月30日　発　行

著作者　倉　谷　　滋

発行者　池　田　和　博

発行所　丸善出版株式会社
〒101-0051 東京都千代田区神田神保町二丁目17番
編集：電話(03)3512-3265／FAX(03)3512-3272
営業：電話(03)3512-3256／FAX(03)3512-3270
http://pub.maruzen.co.jp/

組版印刷・製本／大日本印刷株式会社

ISBN 978-4-621-08930-9　C0345　Printed in Japan